La révolution de l'ARN messager

Fabrice Delaye

La révolution de l'ARN messager

Vaccins et nouvelles thérapies

Préface de Patrick Aebischer

Odile Jacob

15, rue Soufflot, 75005 Paris

www.odilejacob.fr

ISBN : 978-2-4150-0057-8

Préface

par Patrick Aebischer, président émérite de l'École polytechnique fédérale de Lausanne

L'année 2020 restera gravée dans nos mémoires. Depuis plusieurs années de nombreux scientifiques tiraient la sonnette d'alarme. Ils craignaient la survenue d'une pandémie favorisée, entre autres, par la déforestation et le brassage des populations. Nous avions déjà vécu plusieurs fausses alertes avec H1N1, SARS-CoV-1, MERS. Certains politiciens s'y étaient même brûlé les doigts.

Début 2020, les informations en provenance de Chine annonçant une nouvelle zoonose associée à un syndrome respiratoire aigu nous semblaient lointaines. Tout allait changer rapidement. Des infectiologues et les experts de la cellule de crise de l'OMS réalisent que ce nouveau virus se transmet aisément entre humains et qu'il induit chez environ 5 % des gens infectés une maladie pulmonaire sévère potentiellement mortelle.

Le 11 janvier 2020, des scientifiques chinois mettent en ligne la séquence d'un nouveau coronavirus dénommé SARS-CoV-2. Cette information déclenche la plus fantastique course au vaccin de l'histoire de l'humanité. Habituellement, le développement d'un nouveau vaccin prend environ dix ans. Cette fois, les plus optimistes prédisent la disponibilité d'un vaccin en trois à quatre ans. Stéphane Bancel, le P-DG de Moderna, une société américaine de biotechnologie qui n'avait jamais encore homologué un médicament, déclare dans un meeting très médiatisé tenu à la Maison Blanche qu'un vaccin sera disponible avant la fin de l'année.

Cette déclaration ne passe pas inaperçue. Contre toute attente, l'avenir va confirmer sa prédiction : les premières injections d'un vaccin à ARN messager contre le SARS-CoV-2 ont lieu en décembre 2020.

Ce livre raconte l'extraordinaire histoire du développement d'un vaccin à ARN messager, un type de vaccin qui n'avait jamais été utilisé à grande échelle chez l'homme mais qui se révèle d'une extraordinaire efficacité contre le SARS-CoV-2 et montre un excellent niveau de tolérance dès les premiers essais cliniques.

Pour en arriver là, il aura fallu près de trente ans de recherche pour décrypter le rôle de l'ARN messager dans la synthèse des protéines et maîtriser son utilisation thérapeutique. Ce fut tout sauf un long fleuve tranquille. L'ARN messager, à la différence de l'ADN, est très instable et il induit de fortes réactions inflammatoires s'il n'est pas modifié. De plus, il pénètre mal dans les cellules en raison de sa charge électrique négative. Face à ces défis, contre vents et marées, quelques chercheurs vont s'atteler à trouver des solutions.

L'auteur de ce livre, le journaliste Fabrice Delaye, a réussi la gageure de pratiquement tous les interviewer par vidéoconférence, confinés comme nous tous à la maison ou dans leur laboratoire. On les sent avides de raconter leur version des faits. Comme souvent, il y a des frustrations, le sentiment que leur contribution n'a pas été reconnue à sa juste valeur.

C'est l'histoire de femmes et d'hommes aux destins multiples, tels un couple d'Allemands nés d'immigrés turcs, une chercheuse hongroise qui part sans le sou aux États-Unis, des postdoctorants qui peinent à faire reconnaître l'importance de leurs travaux. N'oublions pas les entrepreneurs et les financiers qui ont pris de grands risques en créant des start-up dédiées au développement de vaccins à ARN messager. Elles seront essentielles au succès du vaccin.

Cette pandémie aura fait entrer l'ARN messager dans l'histoire de l'arsenal thérapeutique de la médecine humaine. Désormais, l'ARN messager va certainement prendre une part prépondérante dans les vaccins contre les maladies infectieuses. Il a l'avantage de ne pas s'intégrer dans le génome de l'hôte, un élément décisif sur le plan sécuritaire. Il peut être produit rapidement et à grande échelle, sans investissements massifs.

L'ARN messager a également un potentiel prometteur pour le traitement du cancer ou des maladies auto-immunes. Il sera un outil important pour la thérapie génique.

Le SARS-CoV-2, tel un catalyseur, aura permis une formidable accélération du développement thérapeutique de l'ARN messager, ce dernier bénéficiant d'une manne financière inespérée et d'une oreille attentive des autorités régulatrices. Toutes les personnes impliquées dans cette course contre la montre ont aujourd'hui la satisfaction de voir leurs efforts contribuer à la maîtrise de cette pandémie. C'est cette fascinante histoire que décrit avec brio Fabrice Delaye dans ce livre très à propos.

INTRODUCTION

Ce qui se passe dans votre bras au moment du vaccin

Vous avez reçu, ou allez probablement recevoir d'ici peu, une injection de vaccin contre le Covid-19. Si vous êtes en Suisse, en Israël ou aux États-Unis, il s'agit sans aucun doute d'un vaccin à ARN messager. Si vous êtes ailleurs, c'est probable aussi. Ou bien parce que les quelques effets secondaires des autres vaccins ont invité à la prudence, ou bien lors d'une future piqûre de rappel, parce que les vaccins à ARN messager se développent plus rapidement et permettront de mieux s'adapter aux variants du virus.

Cette vitesse – dix mois se sont écoulés entre le séquençage du coronavirus en Chine et l'approbation des deux premiers vaccins à ARN aux États-Unis – est au cœur des interrogations. Comment cela a-t-il pu aller si vite alors qu'on a toujours affirmé qu'il fallait dix ans pour mettre au point un vaccin ? Depuis 1980, plus de 80 nouveaux virus ont été découverts. Mais seuls trois nouveaux vaccins ont été mis au point. Ce qui amène à une question subsidiaire : pourquoi ces vaccins à ARN ont-ils été développés par des entreprises dont seuls quelques investisseurs avisés avaient entendu parler ?

Mes questions, restées sans réponse

En février 2021, après un an de suivi Covid et beaucoup de cours de rattrapage en biologie moléculaire, je n'avais toujours pas de réponse à ces questions. Forcément, les connaissances, les technologies et les savoir-faire nécessaires aux vaccins ARN ne pouvaient pas avoir été élaborés en dix mois. Je me suis donc mis à creuser cette histoire. Et comme je n'en ai trouvé que des bribes ou des résumés, j'ai décidé de la reconstruire en interviewant ceux qui, depuis plus de trente ans, ont contribué à cette entreprise collective. Au fil de ces dizaines d'interviews, le plus souvent en visioconférence avec des chercheurs dans leur laboratoire ou leur bureau d'une université américaine, j'ai découvert pas mal d'autres choses.

D'abord, que l'ARN messager est une histoire de famille. On ne peut pas dire qu'il y ait un « père » ou une « mère » pour ces vaccins. Et, comme dans toutes les familles, il y a des solidarités et des joies, mais aussi des disputes, des doutes, des jalousies, des erreurs…

sans oublier des histoires d'héritage qui, dans cet univers compétitif, tournent souvent autour de la question des brevets.

Futurs prix Nobel ?

Qui plus est, les membres de cette famille sont des outsiders. Certes, certains ont reçu et d'autres recevront peut-être des prix Nobel. Mais la plupart ont pris des coups, ont souffert du scepticisme de la communauté scientifique, ont vu leurs articles refusés par les revues prestigieuses ou leurs recherches snobées par les entreprises pharmaceutiques. Certains y ont perdu leur carrière, d'autres des millions.

Évidemment, avec le triomphe planétaire des vaccins à ARN messager, tout change ! La révolution médicale qu'ouvrent les technologies basées sur l'ARN promet, au-delà des vaccins, des thérapies pour les cancers, les maladies cardiaques, les maladies auto-immunes comme la sclérose en plaques, ou héréditaires comme la mucoviscidose. Un filon médical en or, qui annonce de belles batailles en propriété intellectuelle. C'est la vie, comme on dit.

Aussi, pour commencer, essayons d'entrer dans l'intimité même de la vie, telle que la découvrent les scientifiques : de partir de ce qui se passe une fois que le sérum est injecté dans le muscle de votre bras. C'est une expérience fascinante.

La beauté spatiale de Calder et Tinguely

Pour ma part, je trouve même que c'est d'une beauté spatiale – entre les cascades d'événements logiques et un brin ironiques que produisent les machines de Jean Tinguely et les fragiles équilibres des mobiles d'Alexander Calder. L'ARN messager est un chef-d'œuvre de l'évolution darwinienne. Son rôle est de transformer l'information génétique contenue dans notre ADN en une myriade de protéines nécessaires à la vie de nos cellules et, de là, à celle de nos tissus et de nos organes.

Les protéines font à peu près tout dans notre corps. Amener de l'oxygène ici, des nutriments là, susciter du mouvement ou émettre des signaux. Lancer l'alerte, par exemple : « Attention, on est attaqué par des virus ou des bactéries, il faut envoyer des globules blancs à la rescousse ! » C'est le principe de base de la vaccination : elle consiste à *hacker* le système immunitaire, à l'infiltrer en imitant une attaque bénigne, avec des virus neutralisés ou tués dans le cas des vaccins classiques, pour que lorsque la vraie guerre sera déclarée, les défenses soient prêtes.

Une logique informatique

Les scientifiques qui les ont rencontrés m'ont dit que Bill Gates et Dietmar Hopp (le fondateur du géant de l'informatique allemande SAP) ont vu, eux, dans l'ARN messager un équivalent biologique des logiciels qu'ils développent, un code que l'on peut programmer, ce qui les a amenés à investir dans ce domaine. Mais la nature est brutale : quitte à prendre des analogies numériques, le parcours suivi par l'ARN messager en vue de vous immuniser évoque moins des lignes de code bien rangées que le jeu vidéo *Grand Theft Auto* – mouvementé et semé d'obstacles.

Imaginez un facteur. Sa mission est d'apporter un plan dans un atelier, pour fabriquer une molécule qui permettra d'identifier les sinistres coronavirus. Ce plan, on le lui a tatoué sur le corps. Un peu plus de 4 000 caractères, ésotériques pour qui n'est pas biologiste. Et on lui a donné une casquette pour s'identifier, de même qu'une combinaison résistante. Parce que la maison (la cellule) où il doit livrer son plan se trouve dans un quartier dangereux où pullulent 300 espèces de pitbulls qui n'ont qu'un instinct : le dévorer (en langage biologique, on appelle ces chiens de garde voraces des ribonucléases – ce sont des enzymes qui dégradent l'ARN).

Si le facteur arrive jusqu'à sa destination (ce n'est pas toujours le cas, raison pour laquelle les vaccins contiennent des millions de facteurs/ARN messagers), sa combinaison change de couleur (de charge électrique, en fait : un chef-d'œuvre de bio-ingénierie comme on le verra) pour déclencher l'ouverture de la porte. Ce n'est pas fini.

Snipers et bergers allemands

La maison (la cellule, donc) est encore pleine de dangers pour notre messager. À l'intérieur l'attendent des rottweilers prêts à le dévorer. Là, c'est la magie de ses tatouages qui va le laisser passer. Les chiens aboient, ce qui a pour effet de mettre la police du système immunitaire en alerte, mais ils ne mordent pas encore. Arrivé devant l'atelier (les ribosomes – qui fabriquent les protéines), notre facteur est reconnu grâce à sa casquette. Son plan est alors assemblé pour servir d'avis de recherche qui sera affiché aux fenêtres de l'immeuble. À partir de ces signalements, la police (le système immunitaire, donc) détient désormais le portrait-robot des coronavirus. S'ils viennent à circuler, ils enverront leurs bergers allemands (les anticorps) et leurs snipers (les lymphocytes T) pour leur régler leur compte. Mais, on l'a dit, la nature est brutale : notre messager, une fois sa mission achevée, finira livré aux chiens. Vous, par contre, vous êtes protégé.

Les étapes de cet incroyable scénario ont été comprises et élaborées, l'une après l'autre, pendant les trente ans de recherche et de développements technologiques que raconte ce livre.

Trente ans donc, pas dix mois.

Et sur cette route, une myriade d'obstacles scientifiques et pas mal d'épiques batailles de brevets ainsi qu'un brin de mépris de la part de chercheurs obsédés par une autre molécule, l'ADN. Sans oublier les doutes des grandes entreprises pharmaceutiques, que les attraits de l'ARN messager ont souvent laissées de marbre. Jusqu'à la course finale de l'année dernière dont j'ai retrouvé l'arbitre, le professeur Moncef Slaoui, chercheur d'origine marocaine nommé par Donald Trump en mai 2020 à la tête de l'opération américaine Warp Speed. Il va nous raconter l'affaire de l'intérieur.

Les hoquets de l'histoire

Le professeur Slaoui n'était pas très étonné que ce fût si difficile. « Les vaccins sont injectés chez des personnes saines. Du coup, il faut l'urgence d'une pandémie pour pouvoir introduire une nouvelle technologie vaccinale. » Edward Jenner, l'inventeur des vaccins à la fin du XVIIIe siècle, fut d'ailleurs forcé de publier à son compte ses expériences contre la variole, parce que la Royal Society ne voulait pas prendre le risque de nuire à sa réputation en les publiant…

L'histoire ne s'est pas tout à fait répétée avec l'ARN messager. Mais il n'y a pas de doute, elle a eu des hoquets.

PROLOGUE

1960-1990 : les années Beatles de l'ARN messager

En guise de prologue, voici un résumé « vintage » de cette période pionnière et qui semble portant proche : 1960-1990. Parce qu'elle forme le terreau qui a permis la phase suivante de transfert de technologies vers les applications médicales. Et parce que comme me l'a confié l'un de ses protagonistes, Tom Cech, prix Nobel de chimie en 1989 : « Ce qui nous a d'abord motivés, ce n'étaient pas les applications médicales. C'était de comprendre les mécanismes de la vie. » Pas de nouvelle technologie sans curiosité libre et gratuite d'abord !

Cette entreprise est racontée dans le détail par l'un de ceux qui l'ont vécue, le biologiste James Darnell, dans son livre de 2011 : *RNA : Life's Indispensable Molecule* (« ARN : la molécule indispensable de la vie »). En substance, elle part d'une question soulevée par des chercheurs britanniques de l'Université de Cambridge. D'un côté, en séquençant l'insuline en 1951, Fred Sanger, double prix Nobel en 1958 et 1980, a montré que les protéines, les molécules qui font à peu près tout dans notre corps, sont organisées en briques moléculaires (20 acides aminés) placées dans un ordre spécifique. De l'autre côté, en décrivant la structure de l'ADN et sa double hélice, James Watson et Francis Crick (prix Nobel en 1962) ont montré en 1953 que l'information à la base de la vie répond à une organisation elle aussi spécifique.

La preuve de l'existence de l'ARN messager

Une question s'est immédiatement posée : comment passe-t-on de cette séquence à l'autre ? Comment l'information génétique est-elle utilisée pour se concrétiser sous la forme des innombrables protéines qui constituent les cellules et remplissent les milliers de fonctions indispensables à la vie ?

Dès les années 1950, on commence par découvrir les ARN de transfert, qui transportent les acides aminés afin qu'ils soient incorporés sous forme de protéines par de petites usines de synthèse baptisées ribosomes. Mais c'est surtout la publication en 1961 de l'hypothèse de l'ARN messager, puis l'année suivante de la preuve de son existence par François Jacob, Jacques Monod et Sydney

Brenner, qui vont faire décoller ce champ de recherche. On tient alors la molécule qui fait le lien entre l'ADN et les protéines. Mais cela n'explique encore ni pourquoi une cellule choisit une protéine particulière, ni comment elle la fabrique…

Dans les années 1960, des biochimistes américains comme Marshall Nirenberg, Severo Ochoa et Gobind Khorana vont d'abord expliquer comment l'information est organisée dans l'ARN. Leurs travaux montrent comment les quatre bases de l'ARN (A, C, G, U équivalents des quatre bases A, C, G, T de l'ADN) s'associent pour former des séquences de triplets (AUA, GCC… en tout 64 codons possibles). Et c'est l'organisation de ces triplets, les mots du code de l'ARN, qui dicte celle des 20 acides aminés et donne leurs spécificités aux différentes protéines. La connaissance de cette organisation ne va ensuite plus cesser de s'enrichir, pour découvrir comment on passe de l'ADN, qui conserve le code de la vie, aux protéines, qui font la vie. *Via* l'ARN messager.

Une vague de découvertes fondamentales

Ces découvertes vont permettre le démarrage de multiples recherches. Les premières, vers la fin des années 1960, portent sur des bactéries. Pourquoi ? Parce que c'est plus simple : les bactéries ne contiennent « que » 2 000 à 3 000 protéines différentes, alors qu'il y a dans le corps humain des dizaines, voire des centaines de milliers de protéines différentes. Puis, dans les années 1970, les recherches sur l'ARN vont s'orienter sur ses spécificités chez des organismes plus complexes. Avec de nouveau une vague de découvertes fondamentales.

Les biologistes Mary Edmonds, à l'Université de Pittsburgh, et Aaron Shaktin, à Rutgers dans le New Jersey, vont ainsi découvrir les structures qui finissent et « coiffent » les ARN messagers et qui jouent un rôle essentiel pour les protéger et les lier aux ribosomes, tout en les distinguant d'autres types d'ARN. Au tournant des années 1980, Phillip Sharp, au MIT, et Tom Cech, à l'Université du Colorado, vont montrer comment les ARN issus de l'ADN parviennent à se spécialiser afin de donner naissance à une incroyable diversité de protéines. Des travaux qui leur vaudront le prix Nobel, respectivement en 1993 et 1989.

La magie de la molécule

« C'est la magie de la molécule d'ARN, m'explique Tom Cech depuis son bureau donnant sur les montagnes Rocheuses. Elle est à la fois un vecteur d'informations et de fonctions, de catalyses chimiques. » Lors d'une autre visioconférence, depuis son bureau nettement plus austère au MIT, Phillip Sharp relève, lui, que si ces découvertes ne sont pas directement appliquées dans les vaccins d'aujourd'hui, elles les ont rendus possibles. « C'est cette connaissance qui va, par exemple, permettre de déterminer quelle est l'organisation optimale des codons pour produire la protéine spécifique du coronavirus que reconnaît le système immunitaire après la vaccination. » Son collègue Tom Cech reprend : « Cette quête de savoir a aussi alimenté le développement des technologies de synthèse d'ARN artificiels qui sont à la base de celles employées aujourd'hui pour les vaccins. »

Ces recherches vont également permettre d'identifier les quelque 300 races de chiens de garde (des enzymes) qui détruisent l'ARN dans notre organisme, soit parce qu'il n'est plus utile, soit parce qu'il est identifié comme étranger, dans le cas d'un virus. Ce sont ces enzymes qui vont donner à la molécule ARN sa « réputation quasi mythologique d'instabilité ingérable », comme le dit le biologiste espagnol et ancien président de la RNA Society Juan Valcarcel Juarez.

Le regard sceptique des autres chercheurs

Une réputation qui va jouer un rôle considérable dans le destin de la recherche sur l'ARN. Car son cousin l'ADN, lui, est considéré comme « stable », ce qui favorisera la recherche dans ce domaine et ouvrira, dès 1975, la production de molécules recombinantes par génie génétique. Alors qu'à la fin des années 1980 aucun laboratoire au monde n'avait encore produit la moindre thérapie basée sur l'ARN…

Cette réputation d'instabilité, les pionniers des technologies de l'ARN vont devoir la combattre, pendant trente ans, sous le regard sceptique et parfois moqueur de leurs collègues en blouse blanche. Jusqu'à ce que la révolution médicale initiée par les vaccins à ARN messager leur donne raison.

CHAPITRE 1

Viol intellectuel au Salk Institute

Robert Malone avait 29 ans quand il fit une découverte majeure : il est possible d'amener de l'ARN messager protégé par une boule de graisse dans des cellules de culture pour produire des protéines. Le principe même des vaccins ARN. Il est alors au Salk Institute, le temple de la recherche génétique. Résultats épatants, qui se répéteront sur des embryons de grenouille. Mais le scepticisme autour de l'ARN et un brevet abandonné vont broyer ses espoirs et faire perdre des années. Robert Malone a aujourd'hui l'amertume de ceux qui ont eu raison trop tôt.

En dépit du paysage bucolique de la Virginie à l'automne qui décore la conférence Zoom de l'interview qu'il me donne, Robert Malone bouillonne. « Je suis très content que vous m'ayez contacté », commence-t-il par dire, sous-entendant que personne d'autre n'y a pensé. De fait, avec son épaisse barbe blanche et son faux air d'Ernest Hemingway, Robert Malone est bien le pionnier de la technologie d'ARN messager. Celle qui a permis de développer à une vitesse fulgurante les premiers vaccins contre la pandémie de Covid-19 qui paralyse encore le monde à l'approche de l'été 2021.

Certes, l'arbre généalogique de cette technologie a de nombreuses branches. Il est évident qu'elle s'est construite sur des décennies de recherches fondamentales et une multitude de progrès collectifs. Toutefois, la littérature scientifique le démontre : Robert Malone a bien cosigné, en août 1989, le premier article exposant une recherche montrant la possibilité d'amener de l'ARN messager protégé par une petite boule de graisse chargée positivement (un liposome*) dans des cellules de culture, pour qu'il puisse délivrer là les informations nécessaires à la fabrication de protéines.

* Un liposome est une minuscule sphère dont la membrane se compose d'une ou de plusieurs couches de lipides, autrement dit de corps gras insolubles dans l'eau. Avec des tailles de l'ordre de quelques milliardièmes de mètre, ils servent à encapsuler des molécules comme des ADN ou des ARN pour les transporter dans l'organisme et les livrer dans les cellules. Comme la membrane des cellules est aussi composée de nombreux lipides, les liposomes fusionnent avec elles afin de faire entrer le matériel moléculaire dans la cellule. La technologie a évolué et aujourd'hui on parle plutôt de nanoparticules associant plusieurs types de lipides.

L'article fondateur

C'est donc à ce moment précis de 1989 que la science de l'ARN (voir le prologue) commence à devenir une technologie. Le principe à l'origine des vaccins à ARN messager de Pfizer-BioNTech et de Moderna, qui ont reçu en novembre 2020 l'autorisation d'être injectés à des centaines de millions de gens, remonte bien à cet article et ses trois signataires (Robert Malone étant le principal). Entre cette publication dans la très prestigieuse revue *Proceedings of the National Academy of Sciences* (*PNAS*) et le moment, en 2020, en pleine pandémie, où des vaccins basés sur ces recherches vont jouer les quasi-sauveurs de l'humanité, trois décennies se sont écoulées.

Que s'est-il passé en trente ans ?

Jusqu'à maintenant, la technologie d'ARN messager n'avait jamais réussi à obtenir le sésame de l'industrie pharmaceutique : l'autorisation de mise sur le marché. Désormais, il est probable que cette technologie au succès incroyable finisse couronnée par un prix Nobel. Cela promet une belle bataille en paternité, qui ne sera au fond que le reflet de l'histoire mouvementée de l'ARN messager.

Si l'ARN a mis tant de temps à émerger, ce n'est pas seulement à cause des défis de la biologie moléculaire. L'histoire qui commence avec Robert Malone est aussi pleine de querelles, de doutes, de brevets oubliés ou jamais déposés, d'articles scientifiques rejetés par les grandes revues, de stratégies financières l'emportant sur les paris scientifiques. Et de carrières brisées ou ayant déraillé.

Sur les épaules des géants de la thérapie génique

Quand Robert Malone raconte sa vie de scientifique, elle apparaît pleine de cicatrices. Dans un des e-mails qu'il m'envoie, lesté d'une multitude de documents à l'appui de ses propos, il parle même de « viol intellectuel » à propos de son expérience fondatrice. Son histoire illustre en tout cas la science telle qu'elle se fait, et pas comme la racontent les cellules de communication des grandes universités ou de relations publiques des Big Pharma. Mais bon, on ne peut pas être au départ de ce qui s'impose aujourd'hui comme une révolution médicale – bien au-delà des vaccins, on le verra – sans que cela tangue ou chavire.

En 1988, Robert Malone a 29 ans. Il a commencé sur le tard des études de médecine après avoir exercé différents métiers. Il est alors étudiant en biologie moléculaire à l'Université de Californie à San Diego. On est dans les années sida et il se passionne pour les rétrovirus.

Dans la Silicon Valley voisine, les biotechnologies nées des recherches de la guerre contre le cancer lancées par Nixon en 1971 sont devenues les nouvelles stars de la Bourse. Genentech, aujourd'hui filiale de Roche, a lancé la commercialisation des premières protéines dites recombinantes, en modifiant les gènes de bactéries pour produire de l'insuline humaine. Chiron, qui sera plus tard racheté par Novartis, vient de cloner le virus VIH. Cela permet le développement des premiers tests sanguins.

Dans cette ambiance où tout semble possible, une autre technologie encore plus radicale prend corps : la thérapie génique. Jusque-là, on se servait des techniques du génie génétique pour produire, dans des bactéries ou des levures, des protéines humanisées qui seront injectées comme des médicaments. Pourquoi ne pas aller plus loin et remplacer un gène défectueux dans une cellule humaine, voire lui faire fabriquer l'une ou l'autre de ces protéines essentielles contre une myriade de maladies ?

L'idée qui domine alors est de se servir de la capacité naturelle des virus à faire entrer leur matériel génétique dans les cellules comme moyen de transport des informations génétiques. La question est un peu technique, mais Robert Malone fait partie de ceux qui se demandent si les rétrovirus ne seraient pas un meilleur véhicule pour un tel transport. Les rétrovirus, en effet, ont l'avantage de transformer leurs génomes d'ARN simple brin en une molécule d'ADN double brin, laquelle s'intègre de manière stable dans le génome de la cellule cible.

C'est cette question qui amène Robert Malone à poursuivre son master puis son doctorat à l'Université de San Diego. Et de là, à entrer au Salk Institute en

1988, le temple à l'architecture futuriste de la recherche en biologie moléculaire, érigé face au Pacifique par l'inventeur du vaccin de la polio, Jonas Salk. « Là, je suis vraiment monté sur l'épaule des géants, explique Malone, qui connaît son Newton. À l'époque, l'Institut Salk abritait encore le laboratoire de Francis Crick [le codécouvreur de l'ADN] et de six prix Nobel. »

La face cachée du Salk Institute

C'est là aussi, entre enseignement et recherche, que travaillent quelques-uns des principaux pionniers des thérapies géniques, comme Theodore Friedman qui en a eu l'idée dès 1972, ou Inder Verma qui a créé le premier virus modifié génétiquement, potentiellement utile pour transporter des gènes, ou encore David Baltimore, prix Nobel en 1975 pour ses travaux qui ont mené à la découverte de la transcriptase inverse, une enzyme très spécifique des rétrovirus dont le génome est constitué d'ARN et peut insérer des gènes dans l'ADN de cellules hôtes.

Entre le désert et l'océan, le béton lissé de l'Institut Salk cache cependant des aspérités. Les géants de la recherche scientifique ont aussi leurs vicissitudes. David Baltimore s'est débattu dix ans dans une affaire de fraude scientifique dont il a été blanchi. À la suite d'accusations de harcèlement sexuel, Inder Verma a disparu des radars, en dépit de ses découvertes majeures dans le cancer et l'immunologie.

Mais de tout cela, le jeune Malone n'est alors pas conscient. Il ne voit qu'un lieu magique et le flux phénoménal d'informations et d'idées nouvelles dans lequel il baigne. « J'étais littéralement immergé dans une mer de connaissance. » Ayant rejoint le laboratoire d'Inder Verma, il se lance dans son travail de doctorat. Sa thèse se concentre sur une question : comment faire d'un rétrovirus un vecteur viral pour le transport de matériel génétique ? Il commence à apprendre à synthétiser de l'ARN pour y inclure les informations moléculaires qui s'en iront fabriquer des protéines dans les cellules hôtes. En langage scientifique, on dit que ces informations (appelées codons, les mots du code de l'ARN) véhiculées par l'ARN vont « exprimer » des protéines dans les cellules hôtes.

C'est quoi, l'ARN ?

Mais il faut que ces protéines puissent se voir pour être mesurées. Pour cela, les biologistes utilisent plusieurs protéines marqueurs. Robert Malone choisit d'en privilégier une : la luciférase, une protéine dont le gène a été découvert chez la luciole et cloné en 1987. Elle a l'avantage d'être bien visible, parce qu'elle est luminescente. Elle se compte donc facilement dans les boîtes de Petri où l'on cultive les cellules. En travaillant sur l'ARN messager, Robert Malone s'aperçoit que cette molécule a des propriétés de plus en plus intéressantes.

À ce stade, il me paraît utile de tenter une description : c'est quoi, l'ARN messager ? Découvert en 1960, l'acide ribonucléique, en toutes lettres, est une copie d'une partie de l'ADN (acide désoxyribonucléique) contenant les instructions d'assemblage d'une protéine spécifique. À partir de ce plan, de petites usines moléculaires appelées ribosomes produisent les protéines nécessaires. Dès lors, pourquoi ne pas sauter l'étape de l'ADN pour amener ces informations, ce plan de l'ARN, directement dans la cellule ? La question doit vous paraître nébuleuse, j'essaie de la reposer avec d'autres mots : pourquoi ne pas fabriquer directement un ARN de synthèse pour utiliser sa fonction de « facteur » qui lui permet de porter à l'intérieur des cellules les informations nécessaires pour produire des protéines qui remplaceront celles qui manquent ou celles qui sont mal formées, dans le cas de certaines maladies ? Le hic, c'est qu'à cette époque la synthèse d'ARN messager est encore une technologie de laboratoire, contrairement à la synthèse de l'ADN, qui en est déjà au stade industriel. « On savait produire des ARN courts et en petit nombre », explique Robert Malone dans son décor de Virginie automnale.

Il entend alors parler d'un doctorant de l'Université de Californie à San Francisco, Pablo Garcia, qui a « hacké » la principale méthode de production d'ADN avec des plasmides (des molécules d'ADN de bactéries). Dans les années 1970, la capacité à se répliquer de manière autonome de ces plasmides avait elle-même été détournée pour produire des ADN modifiés. C'est ce qui a permis l'industrialisation du génie génétique. D'où l'interrogation de Malone : la cassette de plasmides* développée à San Francisco permet-elle la synthèse d'ARN messagers portant les instructions de fabrication de protéines à la demande ? C'est le cas mais cela n'intéresse pas grand monde à l'époque. Sauf Robert Malone.

Entrée en scène des lipides

Ayant obtenu une de ces cassettes de production, il commence à travailler avec différentes lignées de cellules pour obtenir, après purification, suffisamment d'ARN messager codant sa protéine témoin, la luciférase. « J'étais particulièrement motivé pour réussir cette synthèse, parce que la réussite de mon doctorat dépendait d'elle », dit-il, penché sur son écran et détachant chaque mot, comme pour bien graver sa trace dans l'histoire.

Reste un second défi : comment amener ces ARN messagers dans la cellule pour qu'ils donnent leurs instructions aux ribosomes, les « usines » à protéines ? La grande difficulté de cette opération, baptisée transfection, est que les membranes cellulaires (la cloison et la porte des cellules) sont chargées négativement, tout

* Une cassette de plasmides est une sous-partie du processus de synthèse d'ARN messager. C'est elle qui permet de coder la protéine souhaitée. La synthèse d'ARN messager utilise des plasmides, c'est-à-dire des ADN circulaires et capables de s'autorépliquer que l'on trouve essentiellement chez les bactéries. Cet ADN plasmide sert de matrice pour la production des ARN messagers, qui eux-mêmes synthétisent les protéines que l'on souhaite obtenir.

comme les ARN messagers. La loi des pôles électriques est implacable : ils sont donc repoussés.

À cette époque, il existe deux méthodes de transfection de matériel génétique dans les cellules pour contourner ce problème, en recourant à des astuces chimiques. Quelques expériences de transfection d'ARN ont été menées avec ces technologies, par exemple par le biologiste moléculaire John Dunn du laboratoire national de Brookhaven, avec un virus à ARN de la polio en 1985. Mais de manière générale, ces technologies concernaient principalement l'ADN, qui est lui aussi chargé négativement et posait le même problème que l'ARN.

La bataille classique entre chercheurs et financiers

En novembre 1987, le biochimiste Philip Felgner publie dans les *Proceedings of the National Academy of Sciences* une nouvelle approche pour faire entrer de l'ADN dans les cellules. Il utilise des agrégats de lipides. Liés à l'ADN, ces liposomes le protègent et facilitent son passage au travers de la membrane des cellules, un peu comme si on vous prêtait une veste et une cravate pour entrer dans un restaurant ayant un *dress code* strict. Ces liposomes sont les ancêtres des nanoparticules de lipides utilisées aujourd'hui dans les vaccins de Moderna et Pfizer-BioNTech.

Phil Felgner travaillait à cette époque au Syntex Research Institute, à Palo Alto. « Syntex était alors le modèle de l'entreprise de biotechnologies », m'explique-t-il en visioconférence depuis son bureau de l'Université de Californie à Irvine où il est aujourd'hui professeur. Syntex est effectivement une entreprise étonnante. Fondée en 1944 à Mexico City par l'inventeur de l'indice d'octane, Russell Marker, elle a gagné des fortunes en fabriquant à partir d'ignames mexicaines des stéroïdes thérapeutiques comme la cortisone et la progestérone, laquelle donnera naissance aux premières pilules contraceptives.

Intégrée dans le groupe Roche en 1994, Syntex est cependant dans les années 1980 à la recherche d'un nouveau souffle. Elle se trouve aussi au cœur d'une bataille classique dans l'industrie pharmaceutique entre les financiers, qui ont pour horizon les prochains résultats trimestriels, et les chercheurs, qui pensent en décennies. « L'un d'entre eux m'a dit à l'époque qu'il faudrait trente ans pour que mes travaux débouchent sur une application concrète. Cela s'est révélé vrai », sourit Phil Felgner en essayant de retrouver le nom de ce collègue sur Internet.

Située à proximité de l'Université de Stanford, Syntex est encore, au début des années 1980, plus orientée vers la recherche que vers le profit. Elle investit davantage que ses concurrentes, proportionnellement, dans la science fondamentale. « Nous avons commencé à étudier les liposomes à partir de 1983, parce que nous pensions que cela pourrait être utile pour le développement de médicaments et en particulier pour transporter de l'ADN, voire de l'ARN, dans les cellules. Le génie génétique venait juste de commencer et nous avions la vision que nous pourrions introduire n'importe quel gène dans les cellules et obtenir un effet de ce gène, poursuit Phil Felgner. Mais les gens se débattaient encore pour savoir comment faire. Nous avons commencé par ajouter de l'ARN et de l'ADN dans des cellules de culture, mais il ne se passait rien. Il était clair qu'il fallait quelque chose pour transporter les gènes. C'est de là qu'est partie l'idée de construire un virus artificiel. »

Mélange avec des liposomes

Dans les virus respiratoires naturels, comme le SRAS et les rétrovirus, une membrane lipidique encapsule l'ADN ou l'ARN pour leur permettre de s'introduire dans les cellules, pour que le virus se reproduise. En 1984, Richard Roman, un chimiste de Syntex, s'inspire de ce mécanisme et synthétise un nouveau liposome : la lipofectine. Ce lipide dit cationique a la particularité d'être chargé positivement. Il s'attache donc facilement à l'ADN ou à l'ARN messager, qui, eux, sont chargés négativement. Et il évite ensuite qu'ils ne soient repoussés par la membrane des cellules, elle aussi négative.

L'avancée est déterminante, mais il reste un problème : « Le diamètre interne de ces liposomes était trop petit pour accueillir la longueur d'un ADN typique et l'encapsulation était peu efficace et peu pratique, explique Phil Felgner. Nous avons donc pensé à mélanger simplement l'ADN avec ces liposomes : ils s'assemblaient comme des aimants. Cela a fonctionné à merveille dès le premier essai. J'étais stupéfait que nous ayons pu encapsuler tous les acides nucléiques d'une manière aussi simple et directe. Étonnamment, lorsque nous avons placé ces liposomes sur des cellules en culture, l'ADN est entré dans la cellule et le code génétique a été exprimé. Même si nous ne comprenions pas tout à fait pourquoi, à l'époque, il existait tout à coup un système pratique d'administration de gènes que tout le monde pouvait potentiellement utiliser pour la thérapie génique. »

Toutefois, quand l'article de Phil Felgner est publié fin 1987, Syntex ne voit plus dans ce développement la promesse d'un produit profitable. Les financiers ont gagné, comme le soulignent les propos d'Albert Bowers, président de Syntex, dans une interview de l'époque au *Los Angeles Times* : « Pour gagner de l'argent, vous ne devez pas rester une entreprise de recherche. » Phil Felgner doit s'incliner, mais aura tout de même gain de cause sur un point essentiel. « Nous étions quand même d'accord qu'il fallait rendre cette technologie aussi accessible que possible, dit-il. Je l'ai fait en offrant des flacons de lipofectine à des dizaines de chercheurs qui travaillaient sur le transport de gènes dans les cellules. »

De la découverte à la dépression

L'un de ces chercheurs n'est autre que Robert Malone. « Lui produisait de l'ARN *in vitro*, poursuit Phil Felgner. Alors que nous avions utilisé notre virus artificiel pour transporter de l'ADN. Il a pris l'initiative de l'associer à de l'ARN messager et cela a aussi marché du premier coup. » Explications de l'intéressé : « J'avais les gènes codant la luciférase, une technologie pour les synthétiser en ARN messagers, un vecteur capable de franchir la barrière cellulaire et des lignées cellulaires où faire s'exprimer ces ARN. » Les recherches de Robert Malone vont pouvoir prendre de la vitesse. Il poursuit : « J'ai fait des tests sur différents types de cellules et cela marchait très bien *in vitro*. Automatiquement, la question qui venait ensuite était de savoir si cela fonctionnerait aussi *in vivo*. »

À l'époque, Robert Malone finance ses études en travaillant comme assistant des professeurs des cours de première année d'embryologie à l'Université de San Diego. « Nous disposions d'une grande quantité d'embryons de grenouille (*Xenopus*) et j'ai donc essayé. Là encore, cela a marché du premier coup. » À 29 ans, Robert Malone, qui n'a pas encore son doctorat, a inventé le premier mécanisme de livraison d'ARN messagers qui utilise une enveloppe lipidique. Cela semble d'autant plus prometteur que la principale alternative, des vecteurs dérivés de virus naturels, portait encore des risques d'infection ou de réponse immunitaire indésirable. Les choses allaient pourtant dérailler.

L'exigence d'un brevet, qui sera fatale

Au début, tout le monde s'intéresse à la découverte que présente Robert Malone lors de rencontres comme celle organisée le 2 mai 1988 au Salk Institute. Le biologiste moléculaire Tony Hunter nous a fait parvenir les notes qu'il avait prises à cette occasion. « Même le président du Salk Institute, Frederic de Hofmann [physicien nucléaire d'origine autrichienne ayant participé au Projet Manhattan], et des chercheurs seniors de l'institution comme Dinko Valerio [qui fondera plus tard Crucell, le joyau de la branche vaccins de Johnson & Johnson aujourd'hui], s'intéressent alors à mes résultats », affirme Robert Malone. Mais le ton de sa voix annonce les déceptions à venir.

Avant de soutenir ses projets, le Salk Institute exige qu'il dépose un brevet, si possible avant la publication d'un article scientifique. Robert Malone engage donc la discussion avec les avocats spécialisés de l'institution. Cette étape sera fatale aux rêves de l'étudiant Malone et préfigure une série d'obstacles qui retarderont l'avènement thérapeutique de l'ARN messager, comme un acharnement du destin.

La communauté scientifique doute en effet que cette molécule, dont la durée de vie est raccourcie par la présence d'enzymes abondantes dans l'organisme (les ribonucléases), puisse jamais servir de technologie. Même si, dans les échanges de courriers avec les avocats du Salk qu'il nous a transmis, Robert Malone suggère l'idée de vaccins à ARN messager, l'application qui domine alors dans les projets de thérapie génique est de changer des gènes défectueux dans l'ADN. Et s'il s'agit de fabriquer des protéines dans les ribosomes, autant insérer des gènes dans le noyau des cellules, puisque l'on sait les produire à l'échelle industrielle alors que la synthèse d'ARN messager n'est encore qu'un exercice de paillasse de laboratoire.

Certains mentors de Robert Malone au Salk lui objectent ainsi que l'ARN ne sera jamais une thérapie génique. La molécule est trop instable. « Tout ce que j'aurai réussi à faire a été un artefact de laboratoire », lâche-t-il, dépité. Et quand il résiste, on lui oppose que sa cassette de synthèse d'ARN, ses liposomes et ses embryons de grenouille n'ont pas été obtenus dans les règles… Le Salk abandonnera le brevet.

Finalement, son article sera publié en 1989 dans les *Proceedings of the National Academy of Sciences.* Cosigné par Phil Felgner et son mentor, Inder Verma, il décrit la technologie de transport avec des liposomes cationiques et la production de luciférase à partir d'ARN messager dans toutes sortes de cellules, y compris humaines. Mais pas un mot sur les expériences *in vivo* sur les embryons de grenouille. Après la déception du brevet, Robert Malone se sent spolié. « Je me suis retrouvé complètement déprimé. Au point qu'un médecin me diagnostiquera un stress post-traumatique. » Plombé, il renonce même à terminer son doctorat.

Chez Syntex, cela ne se passe pas beaucoup mieux pour Phil Felgner. La production de ses liposomes est confiée sous licence à une autre entreprise, Bethesda Research Lab. Elle passera ensuite chez la multinationale du matériel de laboratoire Thermo Fischer. Toutefois, dans l'ambiance entrepreneuriale déchaînée de San Diego à cette époque, Phil Felgner s'est préparé une voie de sortie.

CHAPITRE 2

ARN ou ADN ? À une lettre près, Merck décrochait la timbale

L'ARN est réputé « instable ». Tout se passe mieux pour son cousin l'ADN : sa réputation de stabilité, mais aussi les choix des scientifiques et des managers des entreprises pharmaceutiques comme Merck en font le chouchou des biologistes moléculaires. Pour les vaccins au moins, ils se trompaient. L'histoire que vous allez lire est un début d'explication de la sidérante absence des grandes entreprises pharmaceutiques dans la course aux vaccins contre le Covid en 2020.

« Instable ! » Combien de fois les pionniers de l'ARN messager auront-ils entendu tomber ce couperet précipitant l'abandon de recherches prometteuses, fermant le porte-monnaie des agences de financement ou des entreprises pharmaceutiques et faisant parfois dérailler leur carrière ?

Il est exact que l'ARN messager est « instable », comme disent les biologistes. Ce qui, pour vous et moi, veut dire fragile, et dans le langage des entreprises pharmaceutiques : inefficace et non rentable. Ce qui n'est pas étranger à leur mépris durable pour l'ARN messager, comme on va le voir.

De fait, dès que l'ARN entre dans le vivant, certaines molécules ont été spécialisées par l'évolution pour le détruire, aussi bien dans la cellule qu'à l'extérieur. En présence de ces molosses conçus pour le dévorer, la durée de vie de l'ARN messager n'est que de quelques minutes dans l'organisme.

Mammouths sibériens

À l'inverse, l'ADN apparaît comme un monument de stabilité. Si stable, même, que l'on en trouve des fragments intacts dans des fossiles de mammouths enfouis dans le permafrost sibérien depuis des centaines de milliers d'années, et que l'on commence aujourd'hui à s'en servir comme support pour conserver indéfiniment l'information numérique.

Cette différence explique en grande partie pourquoi les premières transfections d'ARN (voir le chapitre 1 : il s'agit du processus consistant à envoyer un ARN messager de synthèse dans une cellule, pour qu'il délivre les informations nécessaires à la production de protéines) se sont provisoirement transformées en impasse scientifique.

Le boom des thérapies géniques

Retour en arrière. En 1987, alors que Syntex fermait la voie à ses travaux sur les liposomes (voir chapitre 1), Phil Felgner s'était lancé avec d'autres professeurs de l'Université de San Diego dans la création d'une entreprise qui visait d'abord à développer des antiviraux contre le sida : Vical.

À cette époque, tous les entrepreneurs gravitant autour du Salk Institute veulent exploiter l'opportunité naissante des thérapies géniques. C'est le cas du biologiste moléculaire Inder Verma, qui a fondé Viagene pour développer les vecteurs viraux. Chez Vical, qui s'est installée dans les anciens locaux d'un cyclotron à San Diego, Phil Felgner, lui, n'a pas renoncé. Il pense que ses liposomes pourraient trouver des applications médicales. Il invite Bob Malone à le rejoindre.

« Très peu de personnes peuvent voir le futur, et c'était son cas. Nous partagions la même vision à cette époque, explique Phil Felgner. S'il était parvenu à faire s'exprimer des ARN messagers en culture cellulaire, il fallait maintenant prouver que c'était possible *in vivo.* » Robert Malone avait eu le début de cette preuve avec des embryons de grenouilles. Mais en biologie moléculaire, l'animal de choix, pour la vérification *in vivo*, c'est la souris de laboratoire.

Une stupéfaction in vivo

Venu en cette fin des années 1980 à l'Université de San Diego pour y consulter Theodore Friedman, le pionnier des thérapies géniques, Phil Felgner tombe sur l'un des postdocs du généticien, Jon Wolff. « Jon m'a expliqué qu'il prenait un poste à l'Université du Wisconsin à Madison. Et qu'il y avait là des rats de laboratoire disponibles. » Malone, Wolff et Felgner dessinent alors une expérience afin de voir si des ADN, mais aussi des ARN messagers transportés par des liposomes, pourront exprimer des protéines dans les cellules de muscles de ces rats.

Quand les résultats de Jon Wolff reviennent de Madison, c'est la satisfaction. Puis la stupéfaction. Les données montraient que les niveaux d'expression de protéines dans les muscles des souris étaient comparables aux meilleurs résultats obtenus en transfectant des cellules *in vitro*. « Ça avait marché du premier coup, aussi bien avec de l'ADN que de l'ARN, raconte Phil Felgner. C'était donc la première transfection réussie de matériel génétique chez des mammifères vivants avec des nanoparticules de lipides. Mais il y avait autre chose... »

Très rigoureux sur le plan scientifique, les chimistes de Vical avaient insisté pour qu'il y ait des expériences de contrôle : des injections de liposomes associés avec des ARN et des ADN, pour exprimer la luciférase et d'autres marqueurs, mais aussi de liposomes seuls et des

ADN et des ARN messagers seuls. Or les expériences menées avec les ADN ou les ARN « nus » donnaient des niveaux d'expression de protéines similaires ou supérieurs à ceux emballés dans leur manteau de graisse. « Au début, Jon Wolff a pensé que ses assistants avaient mélangé les souris ou les données. Mais en les répétant, les résultats étaient toujours les mêmes : l'ARN nu, injecté dans le muscle d'un animal, était exprimé sous forme de protéines », insiste Robert Malone.

Qui plus est, localement, c'est-à-dire à proximité du lieu d'injection, la concentration de ces protéines était assez élevée. Malgré la répulsion électrique entre la surface des cellules et l'ARN ainsi que l'ADN, quelques cellules étaient capables d'assimiler la molécule sans que l'on comprenne pourquoi. « Nous avons réalisé plus tard que des ruptures transitoires des membranes des cellules musculaires pendant l'injection permettent le passage de l'ADN ou de l'ARN dans les cellules », précise Phil Felgner.

Les conséquences de cette découverte vont être déterminantes. Vical dépose immédiatement un brevet, avant la publication de ces travaux dans *Science* en mars 1990. La possibilité d'injecter de l'ADN ou de l'ARN nu dans les muscles des patients pour produire des protéines choisies ouvre un champ thérapeutique nouveau. Pourquoi ne pas faire produire par les cellules d'un diabétique l'insuline dont il a besoin ? *Idem* avec des facteurs de coagulation pour les hémophiles, ou de l'érythropoïétine pour augmenter le volume de globules rouges dans le sang des patients sous chimiothérapie...

Sauf peut-être pour les globules rouges, cette approche n'était cependant pas réaliste à l'échelle de ces maladies. En effet, bien que de nombreuses cellules musculaires aient exprimé des protéines, le rendement restait insuffisant pour être efficace une fois dilué dans les trois litres de plasma du flux sanguin. « De plus, ajoute Phil Felgner, il se produisait avec ces expériences une chose ennuyeuse. Parfois une réponse immunitaire se développait contre la protéine exprimée. »

La piste des vaccins

Dans ce contexte, la piste qui apparaît comme la plus prometteuse pour l'ADN ou l'ARN nu est celle des vaccins. Car dans ce cas, même de petites quantités de protéines, dites antigènes, caractéristiques d'un virus ou d'une bactérie, suffisent à stimuler une réponse immunitaire significative. Un vaccin cherche à installer cette mémoire immunitaire qui a un effet démultiplicateur. Et cela qu'elle soit humorale, c'est-à-dire aboutissant à la production d'anticorps par les lymphocytes B, ou cellulaire, en recrutant des lymphocytes T qui attaquent les cellules infectées par les virus ou les bactéries.

Chez Vical, la découverte change les priorités. L'entreprise va s'orienter vers les thérapies géniques et lever immédiatement 130 millions de dollars lors de son introduction en Bourse pour les développer. Comme le vaccin contre le sida est dans tous les esprits, Phil Felgner va d'abord s'associer à des chercheurs de l'Université de San Diego pour développer un ADN nu codant une protéine spécifique du virus VIH, la protéine GP120, équivalente dans le sida à ce qu'est la fameuse protéine Spike du coronavirus : la clé qui lui permet d'entrer dans les cellules. Des anticorps seront ainsi produits chez la souris, et les National Institutes of Health* (NIH) financeront plus tard un essai clinique.

Mais ce choix de l'ADN nu porte un coup fatal aux rêves de Robert Malone. Mis sur la touche, il s'en ira à l'Université de Northwestern terminer ses études de médecine, mettant entre parenthèses ses recherches sur l'ARN messager. Il me confiera qu'il en a encore mal à l'estomac aujourd'hui.

Chez Vical, les recherches continuent cependant. Le VIH étant une cible de vaccination particulièrement difficile à atteindre, deux assistants de Phil Felgner, Suzanne Parker et Gary Rhodes, se lancent dans des expériences similaires, mais sur la grippe. Et ces travaux initiaux sont présentés aux chercheurs des laboratoires de Merck à West Point, en Pennsylvanie.

---

* Instituts nationaux de la santé : aux États-Unis, c'est l'institution gouvernementale dévolue à la recherche médicale et biomédicale.

Merck privilégie l'ADN

Maurice Hilleman, le microbiologiste qui dirige alors la recherche de Merck dans les vaccins, est enthousiaste. Avec à son actif le développement d'une quarantaine de vaccins (rougeole, oreillons, hépatite A, hépatite B, varicelle, méningite, pneumonie...), son soutien pèse lourd. Un contrat est établi, qui prévoit que Vical reçoive 1 million de dollars par an de Merck pour continuer de développer un vaccin universel contre la grippe.

« L'enjeu était de produire non seulement des anticorps, mais aussi des lymphocytes T cytotoxiques, autrement dit capables d'éliminer les cellules infectées », m'explique par visioconférence Margaret Liu, qui dirigeait alors un groupe de recherche sur les vaccins chez Merck. Cette femme, née de parents chinois et ayant grandi dans le Colorado, sera surnommée plus tard la « mère des vaccins à ADN ». À ADN, pas à ARN, on va comprendre pourquoi. « Nous espérions que cette forme d'immunité mémoire contournerait le problème des mutations de ce virus qui impose de créer un nouveau vaccin pour chaque nouvelle souche, chaque année », dit-elle.

« À cette époque, il y avait plusieurs directions possibles, poursuit Margaret Liu qui aujourd'hui, depuis San Francisco, conseille l'OMS sur les vaccins à ADN et à ARN messagers. Ce que nous souhaitions était de cibler des protéines conservées dans le virus de la grippe afin d'obtenir une immunité durable avec des lymphocytes T, y compris contre de nouvelles souches. »

Elle ne cache pas qu'il y avait des doutes, au sein même de Merck, sur les chances de l'entreprise. « Cela paraissait à peu près aussi insaisissable que la fusion froide ! sourit-elle devant un paravent laqué noir qui dit un certain goût pour la mise en scène. Les recherches de Robert Malone, Phil Felgner et Jon Wolff avaient montré l'expression de protéines dans le muscle, mais pas encore dans les cellules présentant les protéines antigènes qui sont à l'origine de la réponse immunitaire cellulaire. »

Dans ce contexte, Merck va prendre une décision lourde de conséquences : privilégier le développement de ce vaccin avec des ADN nus et abandonner la piste des ARN messagers en rase campagne. Un choix qui aujourd'hui, avec le triomphe des vaccins à ARN, en conduit certains à tenter de se justifier. Comme John Donnelly, associé scientifique principal chez Merck depuis vingt-cinq ans. Margaret Liu l'a mis en copie d'un des e-mails qu'elle m'a envoyés. Il intervient spontanément dans la conversation. « Au début, nous avons essayé l'ARN messager et les résultats étaient bons, plus puissants même que l'ADN, écrit-il. Mais nous [il menait ces expériences avec Donna Montgomery] devions utiliser des doses beaucoup plus faibles que pour l'ADN, car nous ne pouvions en fabriquer que de minuscules quantités avec la méthode standard de l'époque. Ce n'était clairement pas un procédé commercialisable. Il demandait en plus des réactifs hors de prix. »

Un problème de rendement

C'est que même avec l'ADN, pourtant plus facile alors à utiliser que l'ARN, il y a un problème de rendement. Certains virus sont d'une efficacité diabolique pour insérer leur génome dans les cellules, au point que 1 000 virus peuvent infecter 1 000 cellules. Mais pour transfecter 1 000 cellules avec des ADN nus ou encapsulés dans des liposomes, il faut plutôt partir sur 10 millions de copies. L'approche est donc 10 000 fois moins efficace. C'était aussi le cas pour l'ARN messager, dans des proportions semblables. Mais à cette époque, produire des quantités équivalentes d'ARN messager était encore très difficile, alors que les biotechnologies produisaient déjà de l'ADN de qualité pharmaceutique à grande échelle.

« Il nous a semblé que l'ADN, plus stable, avait de meilleures chances », reprend Margaret Liu. Et Phil Felgner d'ajouter : « La priorité de Merck était de savoir si c'était industrialisable. Or faire de l'ADN nu, sans vecteurs viraux, était déjà risqué. »

Merck ne parviendra cependant jamais à développer son vaccin à ADN nu contre la grippe. « La transfection d'ADN marchait sur les petits animaux, mais pas sur les gros. Ils essayaient avec des doses toujours plus importantes d'ADN, cela n'aboutissait pas », tranche Robert Malone.

Phil Felgner est plus nuancé : « Merck était parvenu à franchir tous les obstacles de l'industrialisation et à vérifier que ces ADN n'impliquaient pas de risque en interagissant avec l'ADN des sujets injectés. Ils étaient satisfaits avec la sécurité. Il fallait passer à des essais cliniques sur l'homme pour démontrer l'efficacité de ce vaccin à ADN nu. »

Catastrophes aériennes

Les résultats seront décevants. Bien que son groupe soit parvenu à démontrer *in vivo* la possibilité de protéger des souris contre différentes souches de grippe, Margaret Liu perd la direction scientifique du projet. Et les essais cliniques privilégient alors la production d'anticorps, qui sera elle aussi une déception, plutôt que celle de lymphocytes T.

Certes, ces recherches vont jeter les bases du développement de futurs vaccins à ADN. Mais ils trouveront d'abord un usage surtout vétérinaire, mettant fin par exemple à l'extinction du condor de Californie menacé par le virus du Nil occidental.

L'essai de vaccin universel contre la grippe pour l'homme sera pour sa part abandonné par Merck, qui n'a d'ailleurs jamais publié ses résultats. D'autant plus que d'autres événements concourent à son échec. Écartée du projet, Margaret Liu part chez Chiron avec une partie de son équipe. Et Mary Lou Clements-Mann, l'immunologiste de l'Université Johns Hopkins qui supervise l'essai clinique, décède en 1998 dans la catastrophe du vol Swissair 111 entre New York et Genève.

Acharnement du destin contre l'ARN ? Deux ans plus tôt, une autre catastrophe aérienne sur l'Atlantique, celle du vol TWA 800, avait emporté Rodolphe Mérieux, héritier désigné du grand patron français de pharma Alain Mérieux. C'est précisément l'époque où son groupe, BioMérieux, abandonne une autre recherche qui, elle aussi, aurait pu avancer l'avènement des vaccins à ARN messager. Et qui aurait pu mettre la France en *pole position* sur cette technologie révolutionnaire.

CHAPITRE 3

Comment les pionniers français de l'ARN ont décapité la poule aux œufs d'or

En 1993, la France avait toutes les cartes en main pour développer le premier vaccin à ARN messager. Une expérience réussie, des ambitions dans les biotechnologies, un groupe pharmaceutique créé par une famille de visionnaires, les Mérieux. Mais il y avait des risques et encore pas mal de travail. Le premier projet de vaccin à ARN messager sera finalement suicidé. Et vingt années perdues.

C'est une histoire de relation à l'innovation assez typiquement française. Elle marque une première renaissance des technologies à base d'ARN messager au moment même où, aux États-Unis, elles entrent dans un long hiver, dans l'ombre des promesses de l'ADN. Une recherche brillante au plan fondamental, suivie par un abandon industriel lorsqu'il s'est agi de développer son application clinique : *so French*, diront les Anglo-Saxons...

Il faut remonter à 1979. Cette année-là, Robert Lattès, spécialiste du capital-risque de la banque Paribas, ainsi que son patron, Pierre Moussa, inspecteur des finances devenu banquier, veulent mettre la France en *pole position* dans la course de l'industrie naissante des biotechnologies. La star de ce secteur, Genentech, a été fondée trois ans plus tôt en Californie. À Genève, le biologiste moléculaire suisse Charles Weissmann vient de lancer Biogen avec d'autres scientifiques. Amgen, Chiron et Genzyme s'apprêtent à être portés sur les fonts baptismaux par les capital-risqueurs de la Silicon Valley et de Boston.

Biotech 1.0

Cette première génération de biotechs développe des protéines recombinantes. Cultivées dans des cellules animales modifiées génétiquement, ces protéines humanisées remplacent celles qui font défaut chez les patients. Comme l'insuline pour les diabétiques. Après avoir rassemblé un tour de table d'actionnaires qui compte la fine fleur du capitalisme hexagonal (Elf-Aquitaine, Paribas, Moët-Hennessy, AGF...), Robert Lattès fonde Transgène SA en 1981, à Strasbourg.

Au cours des années 1980, l'entreprise dont l'ambition initiale était de développer ses propres protéines s'oriente vers un modèle plus immédiatement profitable : la recherche sous contrat pour les Big Pharma. Mais, initiée par des scientifiques de premier plan comme le généticien Pierre Chambon et l'immunologiste Philippe Kourilsky, elle conserve tout de même une petite chasse gardée de projets de pointe et autonomes.

Un espace de liberté chez Transgène

C'est dans cet espace de liberté que travaille au début des années 1990 un biologiste moléculaire passé par l'Université d'Édimbourg et l'Institut Pasteur : Pierre Meulien. « Pendant deux ans, j'avais mené des recherches sur des vecteurs non viraux, notamment des liposomes, pour livrer le matériel génétique dans la cellule », m'explique en visioconférence de Bruxelles celui qui est devenu aujourd'hui directeur de l'Innovative Medicines Initiative (IMI, un partenariat public-privé de 5 milliards d'euros entre l'Union européenne et l'industrie pharmaceutique).

À la fin des années 1980, le génie génétique semble avoir trouvé un second souffle après la vague des protéines recombinantes. Le grand projet de séquençage du génome humain est lancé en 1990. Et la réparation des gènes, la première ambition des thérapies géniques, semble une perspective réaliste. Chez Transgène, Pierre Meulien cherche, comme ses collègues américains au même moment, à introduire des gènes correcteurs de pathologies génétiques, comme l'hémophilie, pour réparer l'ADN des patients.

« À cette époque, chez Transgène, nous avions beaucoup de réflexions sur notre manque de liens avec la recherche clinique, celle qui se pratique dans les hôpitaux au chevet des patients », ajoute Pierre Meulien. L'homme est entreprenant. Il soumet à son mentor, Philippe Kourilsky, l'idée d'immerger une petite équipe de chercheurs dans un hôpital, au milieu des patients. Séduit par ce projet qu'on qualifierait aujourd'hui de médecine translationnelle, Philippe Kourilsky l'encourage à monter cette équipe pour étudier des vecteurs susceptibles de transporter de l'ADN. Pierre Meulien s'installe avec ses collaborateurs à l'hôpital Cochin à Paris. Sans savoir qu'il va y faire une rencontre décisive.

Sur le campus de Cochin, le bâtiment voisin de celui où s'installe l'équipe de Transgène abrite un centre de recherche tout juste créé par deux stars médicales françaises, le généticien Axel Kahn et le virologue Jean-Paul Lévy. Élève de ce dernier, Frédéric Martinon vient de prendre un poste de chercheur dans ce nouvel Institut Cochin de génétique moléculaire. Il y mène des recherches sur la vaccination contre le sida.

Premiers pas dans le sida

Le virus VIH a la particularité de s'attaquer à un type de globules blancs bien spécifiques, les lymphocytes T4, dont le rôle est de mémoriser les pathogènes ennemis et de relancer les défenses du système immunitaire en cas de besoin. « Je travaillais sur ces mécanismes, explique Frédéric Martinon, et aussi sur un autre type de globules blancs, les lymphocytes T8, dont la propriété est de s'attaquer directement aux cellules infectées par le virus pour en empêcher la prolifération. La recherche sur le sida était en plein essor à l'époque. Nous avions compris comment le virus, en s'attaquant aux lymphocytes T4, empêchait la réponse des anticorps. Il nous fallait donc activer une autre ligne défense : celle de ces lymphocytes T8. » Comme d'autres, Frédéric Martinon était parvenu à la conclusion que « la seule manière de déclencher cette réponse était de développer un vaccin ».

L'approche qui domine alors est de développer de tels vaccins à partir de peptides, des petits acides. L'idée est de synthétiser ces protéines pour qu'elles soient suffisamment ressemblantes aux protéines antigènes qui activent la réponse immunitaire. Il y avait cependant une difficulté. Les fragiles petits peptides étaient dégradés avant d'avoir pu accomplir leur travail d'activation. « La stimulation des lymphocytes T8 avec ces peptides marchait très bien *in vitro* mais pas *in vivo* chez la souris », explique Frédéric Martinon.

La piste de l'immunité

En quête d'une alternative, il tombe alors sur l'approche radicalement différente d'introduction d'ADN et d'ARN messager, exprimant des protéines, exposée par l'article dans *Science* de Jon Wolff, Robert Malone et Phil Felgner en 1990 (voir chapitre 2).

Cette recherche avait montré qu'il était possible de faire exprimer diverses protéines à partir d'ADN et d'ARN messagers synthétiques dans le muscle de souris. Toutefois, ces protéines n'étaient encore que des marqueurs, des preuves de concept. Une autre recherche publiée en 1992 par le groupe de Stephen Johnson à l'Université du Texas dessinait cependant une voie thérapeutique différente : l'insertion d'ADN protégé cette fois par des particules d'or pour produire une autre protéine, de l'hormone de croissance en l'occurrence.

Cette thérapie génique n'aboutira pas chez l'humain mais elle inspire Frédéric Martinon. « J'ai pensé que ce serait différent si l'on appliquait cette thérapie génique à l'immunologie. Parce que là, si la protéine que l'on souhaite, un antigène propre à une maladie infectieuse par exemple, est effectivement produite, l'étape suivante c'est forcément le déclenchement du système immunitaire en réponse à cet antigène. »

Le choix d'une approche vaccinale

Cette approche vaccinale encore théorique trouve l'oreille attentive de Pierre Meulien. D'autant plus que son employeur vit alors un virage stratégique. Exsangue financièrement, Transgène est reprise en 1991 par Alain Mérieux, l'héritier de l'Institut Mérieux, fondé par son grand-père Marcel, qui l'intègre dans le groupe familial Pasteur-Mérieux. Or l'entreprise lyonnaise n'a pas encore cédé son activité vaccin à Rhône-Poulenc (Sanofi aujourd'hui). Elle est même un leader mondial dans ce domaine. « Du coup, nos centres d'intérêt se sont élargis aux vaccins », résume Pierre Meulien depuis son QG bruxellois.

L'actualité médicale de l'époque est dominée par l'essai en cours de Merck avec Vical pour tester son vaccin universel à ADN contre la grippe. Pierre Meulien et Frédéric Martinon débattent des travaux de Wolff, Malone et Felgner qui y ont conduit, en se demandant s'il vaut mieux utiliser de l'ADN ou de l'ARN messager.

« L'ARN était clairement plus compliqué à produire », dit Frédéric Martinon. De plus, les ARN messagers voyagent plus difficilement dans l'organisme, où ils font face à une succession de mécanismes destinés à les dégrader. C'est d'ailleurs la raison pour laquelle les ARN nus découverts aux États-Unis marchaient mal, avec des niveaux d'expression très inégaux liés à leur destruction aléatoire. Enfin, les ARN doivent être conservés à – 80 °C alors que l'ADN se conserve à 4 °C. »

Avantage ARN

Et pourtant, la balance va pencher en faveur de l'ARN. « On se posait encore beaucoup de questions sur le risque d'intégration d'une séquence d'ADN dans le génome et sur ses conséquences potentielles », poursuit le biologiste. En outre, comme l'ajoute Pierre Meulien, « il y avait une forme de réticence culturelle chez les spécialistes des vaccins de Pasteur-Mérieux. Pour eux, la présence d'ADN était une impureté dans les vaccins classiques qu'ils développaient ». Avantage ARN, donc. Pierre Meulien monte ainsi une étude dont l'objectif est d'envoyer des ARN messagers dans des cellules pour obtenir le développement des protéines dites antigènes qui, elles, déclencheront la réponse immunitaire des lymphocytes T8.

Pour le transport, la piste retenue est de protéger ces ARN messagers avec des liposomes. Le biochimiste de l'équipe, Shiv Khrisnan, parvient à synthétiser des liposomes suffisamment grands pour encapsuler le matériel moléculaire des ARN et non pas le mélanger aux nanoparticules de lipides comme l'avaient fait Robert Malone et Phil Felgner. « Cela a été une des clés de cette recherche, insiste Pierre Meulien. Les ARN messagers étaient ainsi suffisamment bien protégés jusqu'à leur arrivée dans les cellules. »

La première immunité de l'ARN

De son côté, Frédéric Martinon utilise un des premiers kits *in vitro* commercialisés par l'entreprise américaine Stratagene pour produire les ARN messagers à partir d'ADN modifiés. « Le processus était assez long, mais nous parvenions à obtenir des ARN de bonne qualité. » L'équipe française a du vent dans ses voiles et progresse rapidement. L'étape suivante est de produire à partir de ces ARN messagers non pas des protéines témoins comme dans les expériences américaines, mais des protéines antigènes capables d'activer le système immunitaire.

« Nous avons opté pour des protéines du virus de la grippe, que je connaissais bien pour avoir étudié diverses régions moléculaires qui déclenchent les réponses immunitaires, poursuit Frédéric Martinon. Nous pouvions jouer sur divers types de réactions immunitaires. Nous en avons choisi trois, aboutissant à trois expériences différentes avec des souris. »

Le succès est au rendez-vous. Injectées avec les ARN messagers encapsulés dans leurs liposomes, les souris développent effectivement des réponses immunitaires. « C'était la première fois que l'on faisait la démonstration que l'on peut induire l'immunité cellulaire [des lymphocytes T8] contre une maladie infectieuse comme la grippe à partir des antigènes exprimés par un ARN messager conçu à cet effet », relève Pierre Meulien, pas peu fier. Dit autrement, c'est la première démonstration chez l'animal d'un vaccin à ARN messager.

Snobé par les grandes revues

Et pourtant, comme c'est souvent le cas en biologie moléculaire, passer d'une expérience réussie sur des souris à l'application humaine est un voyage périlleux. Surtout quand il repose sur une innovation radicale. Le tandem Meulien-Martinon va commencer par avoir le plus grand mal à faire reconnaître sa découverte par la communauté scientifique. Les grands journaux comme *Nature* ou *Science*, qui publient alors à tour de bras des recherches sur l'ADN, refusent l'article de l'équipe de Cochin. Finalement, un journal sérieux, mais moins prestigieux, l'*European Journal of Immunology*, acceptera la publication en 1993.

Il faut dire, comme en convient volontiers Frédéric Martinon, que la découverte pose autant de questions qu'elle apporte de réponses. « La réponse immunitaire des souris variait beaucoup, non seulement entre les trois modèles d'expériences retenus mais à l'intérieur des modèles. Nous avions des souris chez lesquelles elle était forte et d'autres où il ne se passait rien. » De plus, certaines souris avaient été injectées dans une région normalement riche en un type de globules blancs dont la tâche est précisément d'activer le système immunitaire. « Malgré cet avantage, il ne se passait rien. Alors qu'en intraveineuse, où forcément les ARN étaient plus dilués dans le sang, on obtenait quand même des lymphocytes T. »

Le temps de la recherche n'est pas celui de l'économie

Répondre à ces questions aurait demandé la poursuite de ces recherches fondamentales. Mais la logique économique s'accommode difficilement du temps long. Après l'acquisition de Transgène par Pasteur-Mérieux, Pierre Meulien est nommé directeur de recherche de la division Mérieux Sérum & Vaccins. Il fait ses valises pour Marcy-l'Étoile, dans la banlieue lyonnaise, là où l'entreprise a ses laboratoires et ses usines.

« Les ingénieurs voyaient mal comment industrialiser la technologie mise au point à Cochin », raconte-t-il. En plus, il a du mal à défendre une technologie qui ne fonctionnait que sur la moitié des souris, sans que cela ne puisse s'expliquer. « Nous avions bien pris un brevet au niveau européen sur la technologie en 1992, mais il m'était très difficile de dire à mon management : si vous me donnez entre cinq et dix ans et l'équivalent de 100 millions d'euros, on peut y arriver. Et puis cela avait un peu un côté "projet chouchou du chef". À la fin, j'ai décidé moi-même d'arrêter mon projet pour donner la priorité à d'autres, plus traditionnels, mais avec des chances de réalisation plus immédiates », confesse-t-il avec une expression confuse et que l'on sent un peu hantée par le succès de l'ARN aujourd'hui.

La tornade de fusions qui va voir Mérieux Sérum & Vaccins passer sous la houlette de Rhône-Poulenc en 1993, puis cette entreprise fusionner avec Hoechst en 1999 pour donner naissance à Aventis, elle-même rachetée par Sanofi en 2004, fait le reste. Le brevet sur la technologie ARN est abandonné en 1998.

Comme Merck aux États-Unis, les entreprises pharmaceutiques françaises ont eu un accès pionnier à la technologie des vaccins à ARN messager. Elles ne l'ont pas exploité.

Il est vrai que de nombreuses recherches encore seront nécessaires pour que ces technologies atteignent la maturité. Elles seront d'abord menées par quelques chercheurs marginalisés dans les universités de Pennsylvanie et de Tübingen en Allemagne. Mais eux aussi auront le plus grand mal à faire reconnaître et appliquer leurs découvertes. Sauf que ceux-là vont s'entêter. Au point d'y risquer leur carrière ou de faire faillite en créant leur propre boîte, puisque les Big Pharma ne veulent pas de leur ARN messager.

CHAPITRE 4

La cape d'invisibilité de Karikó et Weissman

Ce chapitre raconte un périple, de la Hongrie à l'Allemagne en passant par de prestigieuses universités américaines. Mais c'est surtout un périple de recherche : comment deux obsédés de l'ARN messager, la Hongroise Katalin Karikó et l'Américain Drew Weissman, vont faire la découverte qui ouvre le champ des applications thérapeutiques. Sans cesse à court de moyens, ils n'auront pas assez d'argent pour acheter le brevet de leur propre recherche, mais c'est bien d'eux que l'on parle, aujourd'hui, pour un prix Nobel...

Beaucoup de recherches fondamentales sont menées par des scientifiques qui, une fois leurs résultats publiés, passent à autre chose. Katalin (« Kati ») Karikó et Drew Weissman ne sont pas de cette espèce. Durant toute leur carrière, ces deux-là ont tapé sur le même clou.

Un de leurs coups de marteau apparaît aujourd'hui particulièrement bien ajusté : la publication en août 2005 de leur article le plus crucial dans la revue scientifique *Immunity*.

Le titre vous laissera songeur : « Suppression de la reconnaissance de l'ARN par des récepteurs de type Toll : l'impact de la modification des nucléosides et l'origine évolutionnaire de l'ARN* ». Et pourtant presque tout est là : pourquoi les transfections d'ARN messager déclenchaient-elles des réponses immunitaires parasites provoquant de fortes réactions inflammatoires ? Pourquoi les tentatives précédentes avaient-elles échoué ?

« *To be honest with you*** », comme presque tous mes interlocuteurs américains le répètent en guise de ponctuation de leurs explications, cette publication passée presque inaperçue à l'époque a rendu possible les deux premiers vaccins à ARN messager contre le Covid-19 approuvés à l'automne 2020, ceux de Moderna et de Pfizer-BioNTech. Mais il aura fallu pas mal d'autres coups de marteau pour en arriver là.

Les journalistes qui se penchent désormais sur ce couple de chercheurs nobélisables ont beaucoup parlé de leur rencontre devant la machine à photocopier commune de leurs laboratoires respectifs à l'Université de Pennsylvanie, en 1998. Ils se sont moins étendus sur l'alchimie de deux personnalités à ce point différentes.

---

* « Suppression of RNA recognition by Toll-like receptors : The impact of nucleoside modification and the evolutionary origin of RNA ».

** « Pour être honnête avec vous. »

Dans le living de sa maison de Philadelphie où elle a accepté mon invitation de visioconférence, Katalin Karikó, dite Kati, se montre volubile et chaleureuse. Son raisonnement circule à 100 km/h et ne freine pas dans les virages.

Drew Weissman, lui, apparaît sur mon écran du fond des locaux néoclassiques de l'Université de Pennsylvanie. Pondéré et méticuleux, ce chercheur qui ne donne quasiment jamais d'interview articule chaque mot pour être certain d'être compris. Aucune de ses phrases ne contient un mot de trop. Mais chez tous deux, les yeux brillent et ils se fendent d'un sourire lorsque la conversation revient sur l'aventure de leurs découvertes scientifiques.

Tout commence à la frontière serbe…

Pour Kati Karikó, cette aventure démarre à la fin des années 1970. Elle va se transformer en une véritable obsession pour l'ARN messager, contre vents et marées. La biologiste hongroise vient alors de terminer ses études à l'Université de Szeged, non loin de la frontière serbe, où l'un de ses prédécesseurs a reçu un prix Nobel en 1937 pour avoir isolé la vitamine C. En 1978, elle rejoint à Budapest le laboratoire du professeur Jenö Tomasz, au Centre de recherche biologique de l'Académie hongroise des sciences.

Le chimiste hongrois synthétisait alors des analogues de la coiffe des ARN messagers pour le virologue américain

Aaron Shatkin, qui avait découvert cette structure trois ans plus tôt.

Ces recherches étaient essentielles, parce que ces coiffes, à l'une des extrémités des ARN messagers, leur servent à être reconnus par les ribosomes, les « usines » de protéines. Voilà la jeune doctorante plongée dans la recherche sur l'ARN. Seule biologiste dans ce laboratoire de chimistes, elle est chargée de synthétiser de courts segments d'ARN afin de tester leurs effets antiviraux.

En 1976, le biologiste britannique Ian Kerr avait découvert que ces segments de matériel génétique activent la première ligne de défense du système immunitaire, le système inné, hérité de l'évolution. Il lance la production de petites protéines baptisées « interférons » qui empêchent, entre autres, la réplication de pathogènes. L'idée est alors de s'en servir contre des virus. « Je découvrais l'immunologie, la virologie, les activités de l'ARN... J'étais émerveillée par la richesse de ce qu'avait produit l'évolution », se souvient Kati Karikó. Mais elle bute aussi sur deux obstacles qui vont durablement marquer ses recherches.

D'abord, comment amener dans la cellule ces séquences d'acides nucléiques – les quatre briques moléculaires A, C, G, U, bases du code des ARN* – qu'elle

* Comme celui de l'ADN, le code de l'ARN est écrit à partir de molécules chimiques : l'adénine (A), la cytosine (C), la guanine (G). Toutefois, la quatrième base de l'ADN, la thymine (T), est remplacée par l'uracile (U) (appelée aussi uridine) dans l'ARN messager. C'est l'organisation en séquences de ces bases qui forme le code qui articule l'information génétique dans le cas de l'ADN et celle servant à synthétiser des protéines dans celui de l'ARN messager.

synthétise ? « Pendant mes études, j'avais fait partie d'un groupe de recherche sur les lipides. J'avais travaillé sur des associations de phosphates et de lipides pour amener de l'ADN plasmide [de l'ADN de bactéries, dont on utilise la capacité à s'autoreproduire pour cloner des gènes, voir le premier chapitre] dans les cellules et même sur des liposomes. » Elle suit cette piste qui aboutira en 1985 à l'une de ses premières publications sur un phospholipide, c'est-à-dire une molécule protectrice faite de graisse et d'acide, capable de livrer des acides nucléiques comme ceux des ARN et des ADN. Un premier pas qui devra être suivi par beaucoup d'autres, tant cette question du transport reste un défi. Y compris aujourd'hui, vous le verrez au dernier chapitre.

Sa seconde difficulté est de nature différente. C'est l'argent. Au milieu des années 1980, la Hongrie est toujours derrière le rideau de fer. Les financements européens ou américains sont inaccessibles. Et le pays investit peu dans la recherche en biologie moléculaire. « Comme il n'y avait pas d'argent, j'ai dû chercher un job », poursuit-elle.

... et se poursuit à Philadelphie

La Hongrie ne lui offre guère d'autres débouchés que l'industrie pharmaceutique. Elle craint que sa curiosité ne finisse noyée dans la routine industrielle. Elle envisage de s'exiler. Elle écrit à Ian Kerr, au spécialiste des interférons Bernard Lebleu à Montpellier ainsi qu'au pionnier de la toxicité virale dans les cellules, Luis Carresco, à l'Université de Madrid. « J'ai postulé en Angleterre, en France et en Espagne et la réponse était à chaque fois la même : vous pouvez venir, mais obtenez d'abord une subvention », dit-elle.

C'est impossible depuis la Hongrie. Finalement, elle décroche un emploi à l'Université Temple à Philadelphie, en 1985. « Nous avons changé 100 dollars, le maximum autorisé : 50 pour ma fille Zsuzsika (Susan), 50 pour Béla, mon époux. Moi, je n'avais pas le droit car j'avais un contrat de travail à l'étranger. Nous avons revendu notre Lada pour l'équivalent de 900 dollars dissimulés dans l'ours en peluche de Zsuzsika. Nos billets étaient des allers simples. »

Une intuition devenue obsession

Avec un salaire annuel de 17 000 dollars, la vie n'est pas facile dans un pays où elle ne connaît personne. Mais Kati Karikó s'en moque. Tout ce qu'elle veut, c'est poursuivre ses recherches sur l'ARN, son obsession. Elle commence par des travaux sur une enzyme dont la production est induite par les interférons, lesquels dégradent les ARN lors d'une infection virale.

En 1988 déjà, elle est à Bethesda sur le principal campus des National Institutes of Health (NIH). Là, elle fait partie des chercheurs qui reçoivent la lipofectine que Phil

Felgner expédie de Syntex, en Californie, pour disséminer le fruit de ses recherches avant de devoir les arrêter (voir chapitre 1). Recrutée par l'Université de Pennsylvanie l'année suivante, elle commence à s'en servir. D'autant qu'à cette époque, les recherches fondamentales sur l'ARN messager commencent à déboucher sur la création de synthétiseurs plus efficaces.

Avec ce synthétiseur d'ARN et la lipofectine de Felgner, Kati Karikó est convaincue que des thérapies basées sur l'ARN messager sont possibles. En 1990, elle propose à son chef, le cardiologue Elliot Barnathan, d'en développer qui pourraient augmenter la présence de protéines importantes dans les vaisseaux sanguins prélevés puis réimplantés lors de pontages coronariens. Une proposition caractéristique : Kati Karikó ne va plus cesser de tenter d'ouvrir la piste de l'ARN messager pour de multiples applications médicales. Sans aucun succès. Jusqu'à ce que Drew Weissman reçoive enfin cinq sur cinq son message, huit ans plus tard.

Après des études de médecine et une spécialisation en immunologie, Drew Weissman sort de sept ans au sein du laboratoire de recherche sur le virus VIH d'Anthony Fauci aux prestigieux National Institutes of Health. Anthony Fauci, c'est l'immunologue qui sera appelé par la Maison Blanche à diriger la cellule de crise de l'administration Trump sur le coronavirus. Dans les années 1990, il est déjà une star scientifique. Et il a certainement vu du potentiel chez le jeune Drew

Weissman en le laissant monter sa propre section de recherche dans son labo des NIH. « Je m'intéressais en particulier aux cellules dendritiques, poursuit Drew Weissman. C'était un domaine relativement nouveau pour Tony [Fauci] mais je l'ai convaincu de l'intérêt de ces cellules qui sont à l'origine de l'acquisition des défenses immunitaires. Très rapidement, j'ai buté sur la question de savoir comment amener l'information génétique nécessaire pour déclencher cette immunité. Nous avons essayé toutes sortes de pistes, comme les peptides ou l'ADN, et même envisagé l'ARN bien que nous ayons peu d'expérience dans ce domaine. Ce que nous voulions, c'était trouver le meilleur moyen. »

Enfin écoutée

Incarnation du perfectionnisme, Drew Weissman est ainsi tout ouïe quand Kati Karikó vient lui expliquer le potentiel de l'ARN messager en 1998. Le dialogue est facilité par le fait que quand elle était encore à l'Université Temple, elle avait participé à un essai clinique avec une thérapie basée sur des ARN contre le sida. Et puis... elle est trop heureuse d'être enfin écoutée.

Depuis sa première demande de subventions en 1990 pour une thérapie génique basée sur des ARN pour traiter la mucoviscidose, Kati Karikó n'a en effet pas cessé d'essuyer des refus. Pour un temps, ses recherches avec Elliot Barnathan lui ont permis quand même de poursuivre ses travaux. Elle est bien sûr au courant de la première transfection *in vivo* réussie par Felgner, Malone et Wolff en 1990. Et elle est encouragée par la publication en 1992 d'une première thérapie expérimentale à partir d'ARN messager. L'équipe du neurobiologiste Floyd Bloom, à l'Institut Scripps, à La Jolla, en Californie, est parvenue à produire dans des cerveaux de rats une hormone dont le manque est impliqué dans une forme de diabète.

Mais Eliot Barnathan a du mal à obtenir des financements supplémentaires pour des recherches sur l'ARN. « Je n'étais personne et c'était difficile de convaincre d'entreprendre des recherches en biologie moléculaire dans un département de cardiologie », explique Kati Karikó. Barnathan lui demande cependant de cloner des récepteurs d'une enzyme utilisée pour désobstruer les cathéters veineux. « Je l'ai fait à partir d'ARN messagers et ils étaient fonctionnels, avec dix fois plus de liaisons entre cette enzyme et ces récepteurs que normalement. Cela m'a familiarisée avec les différents processus de la transfection d'ARN messager. »

Cette recherche ne sera cependant pas publiée avant... 1998. Or, entre-temps, Kati Karikó accumule les difficultés. D'abord Elliot Barnathan quitte l'université pour rejoindre la biotech Centokor. « Je me suis retrouvée sans salaire », confie-t-elle, sans que cela entame son évidente joie de vivre. Diagnostiquée d'un cancer à cette époque, elle doit aussi digérer la déception de ne pas être titularisée comme professeur de l'Université de Pennsylvanie en 1995. Elle se retrouve simple chercheuse et attendra deux ans avant d'obtenir un poste de biologiste moléculaire au département de neurologie.

La cape d'invisibilité

Pendant ces années difficiles, Kati Karikó continue d'améliorer la synthèse d'ARN. Avec le neurologue David Langer, qui sera bien plus tard la star du documentaire *Lenox Hill** sur Netflix, elle développe une méthode pour produire une molécule qui dilate les vaisseaux sanguins afin d'éviter un AVC. Langer a convaincu le département de neurologie de lui donner sa chance, et veut savoir si cette molécule prometteuse mais dont la durée de vie est si courte qu'il est impossible de l'injecter pourrait être utilisée autrement. « Un problème qui aurait pu être résolu en produisant cette molécule directement dans les cellules à partir d'ARN messager », affirme-t-elle aujourd'hui, fidèle à son habitude visionnaire d'appliquer l'ARN messager à tous les problèmes médicaux.

Les expériences animales échoueront mais ces travaux aboutiront tout de même à augmenter la production des protéines par les ARN messagers. Infatigable, elle essaie en parallèle de nouvelles techniques d'encapsulation. Mais ce sont bien sa collaboration à partir de 1998 avec

* Documentaire sur l'hôpital du même nom à New York, en 2020, en période de Covid, en hommage aux soignants.

Drew Weissman et son expérience dans l'immunologie et ses applications cliniques qui vont la placer sur une tout autre trajectoire : celle des grandes découvertes.

La première difficulté sur laquelle bute le nouveau tandem de chercheurs, ce sont les réactions inflammatoires parasites qui se déclenchent lors de la transfection d'ARN messager dès que l'on passe des cellules en culture à l'animal vivant. « Dans le cas du sida, sur lequel travaillait Drew, vous ne voulez surtout pas avoir cette activation supplémentaire », précise-t-elle. C'est toute la difficulté de l'application thérapeutique de l'ARN messager : on veut induire la réponse immunitaire acquise des lymphocytes B et T avec un vaccin, tout en minimisant celle, innée, déclenchée par les interférons. Autrement dit, pour reprendre notre analogie, on veut donner à la police du système immunitaire le portrait-robot du pathogène à mettre hors d'état de nuire, mais on veut éviter que les chiens de garde que l'évolution a placés dans les cellules ne dévorent le messager ARN avant qu'il n'ait pu imprimer les avis de recherche. « La question fondamentale était donc de savoir quel récepteur déclenche la réponse inflammatoire », poursuit-elle.

L'explication va venir d'une observation. À partir de 1999, le tandem a entrepris de rendre ses ARN messagers non inflammatoires. Dans leurs expériences, ils utilisent un mécanisme de contrôle avec d'autres types d'ARN, en particulier des ARN de transfert dont le rôle est d'amener les acides aminés qui sont assemblés dans les usines à protéines des ribosomes.

« Nous avons pris différents types d'ARN bactériens, animaux et autres pour les tester. Certains avaient bien cet effet inflammatoire, mais d'autres pas du tout. Nous nous sommes demandé pourquoi », explique Drew Weissman. La réponse vient d'une différence dans la composition des ARN messagers et des ARN de transfert. Ces derniers contiennent beaucoup de bases (appelées nucléosides) très légèrement différentes des quatre (adénine, cytosine, guanine et uracile/uridine) qui composent les ARN messagers. En particulier, dans les ARN de transfert, l'uridine est remplacée par une molécule très proche : la pseudo-uridine. En la substituant à l'uridine dans l'ARN messager, cette pseudo-uridine agit comme une cape d'invisibilité vis-à-vis des rottweilers qui gardent les cellules. Ils aboient mais ne mordent plus désormais.

À partir de là, le tandem se met en quête d'un moyen de modifier les ARN messagers avec cette pseudo-uridine et d'autres nucléosides modifiés. Ayant appris par un chimiste de l'Université de Bonn que l'on peut acheter de la pseudo-uridine de synthèse absolument similaire à celle que l'on trouve naturellement, ils s'en procurent une douzaine de variétés auprès de divers fabricants et s'enferment dans leur laboratoire. Cinq d'entre elles vont fonctionner en supprimant la réponse immunitaire parasite lors de la transfection d'ARN messagers, mais en conservant une capacité identique pour fabriquer des protéines. Ils sélectionnent la meilleure.

Kati Karikó et Drew Weissman veulent évidemment savoir comment s'explique cette différence de réaction immunitaire, cette invisibilité. En 2001, une piste s'ouvre. Des chercheurs de Yale montrent qu'un récepteur (*Toll-like receptor 3*) déclenche une réponse immunitaire innée en présence d'un autre type d'ARN (double brin) produit par de nombreux virus lors de leur réplication. Ils se mettent en quête des récepteurs de la même famille, susceptibles de réagir, eux, aux ARN messagers simple brin. Il s'avérera que ce sont les récepteurs 7 et 8 de la même famille qui jouent ce rôle de déclencheur de la réponse innée.

C'est une découverte majeure. Vite, il faut publier les résultats, mais la découverte des chercheurs de Yale a engagé une course mondiale pour trouver d'autres récepteurs du même type. Le tandem Karikó-Weissman se fait prendre de vitesse par une équipe de chercheurs de Munich, en Allemagne, qui parviennent à placer un article sur le sujet dans *Science* en 2004. Mais l'année suivante, c'est bien leur article dans *Immunity* sur le remplacement de l'uridine par la pseudo-uridine dans les ARN messagers de synthèse qui ouvre un vaste champ d'applications thérapeutiques. Pas folle, l'Université de Pennsylvanie (U Penn) a préalablement déposé un brevet.

Le brevet prohibitif de U Penn

Kati Karikó et Drew Weissman croient au potentiel de leur découverte et tentent, sans succès, d'y intéresser des compagnies pharmaceutiques et des entreprises de biotechnologies. Ils en viennent ainsi à créer une start-up, RNARx, pour l'exploiter. Ce sera pour retrouver le même obstacle financier qui a longtemps ralenti la carrière de Kati Karikó. En fonction de la loi américaine *Bayh-Dole Act*, la propriété intellectuelle de l'invention appartient à l'Université de Pennsylvanie, qui n'en réserve qu'une fraction aux chercheurs. Pour l'exploiter, il faut acheter une licence, même s'il s'agit de sa propre découverte. Le prix qu'en demande U Penn – la somme de 300 000 dollars a circulé – n'est pas dans les moyens de RNARx. Et les investisseurs potentiels veulent voir garanti l'horizon d'applications cliniques avant d'ouvrir leur portefeuille.

La petite entreprise du tandem tente d'abord de monter un projet pour produire de l'érythropoïétine (une hormone qui augmente le nombre de globules rouges dans le sang) à partir d'ARN messager. Mais elle mettra trois ans avant d'obtenir le financement de cette étude. Entre-temps, U Penn a vendu l'exclusivité de la licence à l'entrepreneur Gary Dahl et à sa société Cellscript, qui en dispose toujours jusqu'à son expiration en août 2026. Qu'on se rassure, U Penn continue de percevoir son écot, une fortune avec les vaccins d'aujourd'hui. Mais Karikó et Weissman n'ont qu'une fraction. « Difficile de trouver un business plus rentable que d'être une université américaine d'élite », ne peut-elle s'empêcher de faire remarquer.

En 2008, Karikó et Weissman publient néanmoins une seconde recherche sur l'utilisation de la pseudo-uridine qui renforce leur confiance dans le potentiel thérapeutique de leur découverte. Non seulement la modification de cet acide nucléique diminue la réponse inflammatoire, mais elle aboutit chez les souris traitées à la production d'une quantité de protéines plusieurs centaines de fois plus grande.

Malgré cela, leur start-up RNARx fait face à une autre difficulté. Pour leur démonstration de 2005 sur les cellules dendritiques, Kati Karikó et Drew Weissman avaient utilisé des ARN encapsulés dans de la lipofectine, le liposome développé en Californie dans les années 1980 qui avait permis les premières expériences *in vitro* puis chez l'animal. Mais la toxicité de la lipofectine la rendait impropre à une utilisation chez l'homme. Il fallait trouver autre chose.

À cette époque, la découverte d'autres types d'ARN, baptisés interférents, et de leurs capacités à bloquer l'expression d'ARN messager naturel mais indésirable car produit à partir de gènes défectueux dans l'ADN est vue comme la promesse d'un nouveau type de thérapie génique. Des milliards vont être investis pour financer le développement de nouvelles nanoparticules de lipides afin de transporter ces ARN interférents. « Nous en avons essayé quarante formulations et il est apparu que la meilleure était celle qu'avait développée une entreprise canadienne, Protiva », explique Drew Weissman. Ce sera pour se heurter à des brevets qui minent le champ émergent des nanoparticules de lipides qui succèdent alors aux liposomes en combinant différents types de lipides afin d'être mieux tolérées. Il va donc falloir s'en procurer auprès d'une autre entreprise.

L'heure des nanoparticules de lipides

Fusionnée en 2008 avec Tekmira, une autre biotech de la région de Vancouver, Protiva est en effet à l'origine du développement de cette technique de nanoparticules de lipides cruciale pour le transport d'ARN messager. C'est elle que l'on retrouve dans les vaccins contre le Covid-19 aujourd'hui. Ses inventeurs, le biophysicien Pieter Cullis et le biochimiste Ian MacLachlan, ont développé des lipides dont la charge électrique change à différentes étapes en fonction de l'acidité du milieu physiologique. Cela diminue grandement le risque de toxicité tout en augmentant le succès du passage des ARN au travers de la membrane des cellules. Ces nanoparticules de lipides vont être la clé des vaccins à ARN messagers. Et de leur futur, comme on le verra dans notre dernier chapitre.

« Le problème, c'est qu'ils ne voulaient pas nous fournir leurs nanoparticules de lipides et nous avons dû attendre sept ans pour en obtenir d'une autre source », poursuit Drew Weissman. Sept ans ! À l'époque, Protiva-Tekmira garde cette technologie comme un trésor. Elle collabore en effet avec une biotech de la région de Boston, Alnylam Pharmaceuticals, pour développer des thérapies à base d'ARN interférents. Cela conduira à la première approbation d'une thérapie basée sur des ARN (interférents, donc, pas encore messagers) en 2018. Mais pas question avant cela pour Alnylam et Tekmira de laisser conduire d'autres essais cliniques parallèles avec leurs nanoparticules de lipides. En cas de problème, cela invaliderait la technologie du point de vue des agences de médicaments.

Ce sera donc Acuitas, elle-même fondée par des anciens collaborateurs de Tekmira, qui fournira à Drew Weissman des nanoparticules de lipides, en 2014. Trop tard pour sa start-up RNARx et même pour Kati Karikó, comme on va le voir, mais pas pour ses recherches.

Jeune Hongrois à la rescousse

Dans le cadre de travaux précédents, le tandem avait mis au point en 2011 un procédé de purification qui réduit encore le risque de réponse immunitaire parasite lors de la transfection d'ARN messager. Lors de la synthèse *in vitro* des ARN messagers modifiés, certains ont des défauts et sont pro-inflammatoires. Le procédé élimine ces contaminants lors d'une phase de chromatographie liquide à haute performance et augmente la production des protéines souhaitées.

Kati Karikó a aussi fait venir en 2011 de Hongrie un jeune chercheur, Norbert Pardi, dont elle est la mentor depuis plusieurs années. « Mon grand-père travaillait dans la même boucherie que son père dans notre petite ville natale de Kisújszállás et elle m'a donné le goût de la science quand elle venait rendre visite à sa mère chaque été », explique-t-il par visioconférence dans son nouveau laboratoire.

Devenu chercheur postdoctoral dans le laboratoire de Drew Weissman à l'Université de Pennsylvanie, Norbert Pardi participe au développement de la plateforme de nanoparticules de lipides et d'ARN messager. Cela aboutira à montrer pour la première fois qu'elle fonctionne bien en tant que vaccin contre les maladies infectieuses.

À la tête de son propre groupe de recherche aujourd'hui, Norbert Pardi travaille sur des vaccins ARN contre le paludisme et d'autres agents pathogènes comme la grippe. Constitué de quatre ARN messagers codant chacun une protéine différente du virus de la grippe, il envisage un vaccin universel, capable d'être efficace en continuant de toucher certaines régions du virus en dépit de ses mutations d'année en année.

Un voyage en Suisse

Cette même année, Drew Weissman prépare, lui, deux essais cliniques de vaccins à ARN messager contre le virus VIH. « Ce ne sera probablement pas encore le vaccin définitif, mais des briques vers celui-ci », précise le chercheur aussi rigoureux qu'entêté.

Et Katalin Karikó ? Vous vous souvenez qu'à son départ de Hongrie pour les États-Unis en 1985, elle et son mari avaient caché leur petit pécule de 900 dollars dans l'ours en peluche de leur fille Susan, alors âgée de 2 ans. Zsuzsanna Francia de son prénom complet, a grandi. Elle est diplômée en criminologie, mais aussi championne d'aviron, médaillée d'or aux JO de Pékin en 2008 avec son équipe de huit, un titre conservé aux JO de Londres en 2012.

L'année suivante, en 2013, sa mère l'accompagne en Suisse pour une compétition. Sur le chemin du retour, Kati Karikó rencontre un certain Uğur Şahin, professeur d'oncologie à Mayence, en Allemagne, passé par Zurich où son mentor a été le prix Nobel suisse Rolf Zinkernagel. Şahin est aussi le fondateur de la société BioNTech, que l'on retrouvera dans nos prochains chapitres.

Les découvertes, les succès et les publications de Kati Karikó en ont enfin fait une personne très courtisée. Deux autres entreprises qui vont jouer un rôle clé dans notre saga de l'ARN messager lui ont fait des avances, Moderna et CureVac. Mais c'est à Uğur Şahin qu'elle va faire confiance : elle a 58 ans et rejoint les équipes de BioNTech, comme vice-présidente senior. La course finale est engagée : BioNTech va produire le vaccin anti-Covid commercialisé par Pfizer dès 2020.

CHAPITRE 5

CureVac : comment le lièvre allemand de l'ARN messager est devenu une tortue

Ingmar Hoerr, dont un livre récent vient de mettre en lumière le parcours, est le fondateur de la première start-up à avoir jamais exploité l'ARN messager pour des vaccins. Manière de dire « on avait tout pour être les premiers mais nous n'avons toujours pas de résultats convaincants à montrer ». Dommage, parce que la biotech allemande pionnière de l'ARN avait tout pour gagner la course aux vaccins. Avec un étonnant accord avec Tesla, elle peut cependant encore rebondir et surprendre. La révolution médicale de l'ARN ne fait que commencer.*

* Sascha Karberg, *Der Mann, der das Impfen neu erfand. Ingmar Hoerr, CureVac und der Kampf gegen die Pandemie*, Aufbau Verlage GmbH, 2021 (« L'homme qui a réinventé le vaccin. Ingmar Hoerr, CureVac et le combat contre la pandémie »).

Du foot aux lymphocytes

Qui aurait pu imaginer que l'élimination surprise de l'équipe d'Allemagne par la Croatie lors de la Coupe du monde de football de 1998 soit à l'origine d'une rencontre qui va permettre la création de la première entreprise de vaccins à ARN, CureVac ? Cet été-là, une fois la Mannschaft éliminée, le biologiste allemand Ingmar Hoerr (lire son interview, p. 105) reporte sa passion sur l'équipe de France, les Bleus. Et comme dans son groupe de recherche à l'Université de Tübingen il y a un jeune chercheur français, ils sympathisent avant de collaborer.

Après ses études à l'École normale supérieure à Paris, Steve Pascolo est venu dans la petite ville universitaire du Bade-Wurtemberg pour effectuer son postdoc dans le groupe de l'immunologiste Hans-Georg Rammensee. Le professeur allemand est une sommité de la recherche sur les lymphocytes T, les globules blancs qui attaquent les cellules contaminées ou cancéreuses.

Chercheur ouvert à une multitude d'approches, Hans-Georg Rammensee développe des vaccins capables d'activer ces lymphocytes T pour qu'ils détruisent des cancers. L'idée est de relancer les mécanismes de défense naturelle qui nous protègent du développement de tumeurs toute notre vie. Sauf quand les cancers sont capables en quelque sorte d'endormir ou de contourner ces défenses immunitaires.

Steve Pascolo veut, lui, tester les multiples candidats vaccins développés par Hans-Georg Rammensee sur les souris transgéniques qu'il a créées lors de sa thèse à l'Institut Pasteur. Sous la direction de François Lemonnier, il a inventé de nouveaux modèles animaux. Ses souris incluent des gènes d'origine humaine qui génèrent des lymphocytes T en quelque sorte humanisés. Forcément, ce que lui raconte Ingmar Hoerr entre deux matchs de foot le passionne.

Une technologie naturelle

Lors d'une conférence en Israël en février 1996, Hans-Georg Rammensee a découvert des travaux pionniers sur l'ARN messager qui ont ouvert une voie nouvelle pour ses projets de vaccins. Eli Gilboa, un professeur de l'Université de Duke, a extrait des cellules dendritiques, c'est-à-dire des cellules qui jouent un rôle précurseur dans la réponse immunitaire, pour y transférer *in vitro* des ARN messagers.

Dans ces cellules, l'information apportée par les ARN sert de mémoire pour des protéines caractéristiques de cancers afin de les identifier et de les attaquer. Une fois réinjectées dans l'organisme, ces cellules dendritiques déclenchent, en effet, la production de lymphocytes T. Comme avec un vaccin. Un raisonnement que fera presque en parallèle Drew Weissman aux États-Unis à propos des mêmes travaux et qui ne sera pas étranger à son intérêt pour les recherches de Kati Karikó deux ans plus tard (*cf.* chapitre 4).

Méthode laborieuse

« À cette époque, je travaillais sur des vaccins contre les cancers surtout à partir de petites protéines [des peptides] identifiées dans les cellules cancéreuses. Mais il y avait encore beaucoup de défis et j'étais intéressé par toutes les approches », reprend Hans-Georg Rammensee depuis son bureau au cours d'une visioconférence avec Heidi.news, le site d'information suisse pour lequel je travaille. « La méthode présentée par Eli Gilboa était assez laborieuse puisqu'il fallait extraire les cellules, leur apporter les informations nécessaires avec des ARN messagers puis les réinjecter. Du coup, je me suis demandé ce qui se passerait si on injectait les ARN messagers directement dans l'organisme. »

À son retour en Allemagne, c'est Ingmar Hoerr qui va répondre à cette question pour son travail de thèse. Comme dans les expériences conduites aux États-Unis par Robert Malone, Phil Felgner et Jon Wolff (*cf.* chapitre 2), il commence par injecter des ARN messagers nus mais aussi des ARN encapsulés dans des liposomes ou dans des peptides dans les oreilles-de-souris. Dans tous les cas, les protéines s'exprimaient. Ironie de l'histoire, comme cela avait été le cas lors des expériences conduites à l'Université du Wisconsin à Madison en

1990, Ingmar Hoerr croira d'abord avoir mélangé ses résultats parce que les ARN nus donnaient de meilleurs niveaux d'expression que les versions encapsulées. Ses résultats ont été publiés en 2000 dans l'*European Journal of Immunology*.

Que les ARN nus aient une efficacité supérieure est important. C'est cela qui va conduire au développement d'une technologie différente de celle qu'utilisent aujourd'hui Pfizer-BioNTech et Moderna dans les vaccins ARN contre le Covid-19. Alors que ces entreprises se fondent sur les ARN dont une base (l'uridine, *cf.* chapitre 4) a été modifiée par Kati Karikó et Drew Weissman, ceux des chercheurs de Tübingen n'utilisent pas la pseudo-uridine pour diminuer les inflammations générées par le système immunitaire, mais recourent à d'autres techniques.

Le mur de scepticisme

En cet été 1998, alors que Zinedine Zidane marque deux des trois buts de la finale triomphale contre le Brésil et que démarre la collaboration entre Steve Pascolo et Ingmar Hoerr, on est encore loin des vaccins. « Nous avons pensé que ce serait le moyen de faire des vaccins beaucoup plus sécurisés que ceux à ADN, explique Steve Pascolo, aujourd'hui patron du laboratoire de dermatologie de l'hôpital de Zurich. Parce que contrairement à l'ADN, l'ARN est transitoire et il ne va pas dans le noyau. Cela élimine toute possibilité d'intégration dans le génome du receveur. »

Ils commencent par essayer sur des souris modifiées pour être des modèles du mélanome. Puis ils multiplient leurs expériences non plus seulement sur des souris modèles de cancers, mais aussi de maladies infectieuses telles que le VIH, l'hépatite B et le papillomavirus humain… « Cela marchait, même si la réponse immunitaire n'était pas très forte, se souvient Hans-Georg Rammensee. C'était prometteur mais nous nous sommes rapidement heurtés à un mur de scepticisme. »

Steve Pascolo poursuit les explications : « Nous réussissions bel et bien à induire des lymphocytes T grâce à nos ARN messagers mais cela n'intéressait personne. Quand je présentais nos résultats dans des conférences, il n'y avait pas de question. Si bien que j'enlevais quelques *slides* à ma présentation pour me poser des questions à moi-même. » Ingmar Hoerr, dont le projet était de rejoindre l'industrie pharmaceutique, rencontre la même incrédulité lors de ses entretiens d'embauche. Finalement, comme personne ne veut d'eux, ils décident de monter leur entreprise.

La première start-up ARN

CureVac est ainsi fondée en 2000, après que l'Université de Tübingen a déposé un brevet sur un vaccin à ARN messager. Si les recherches sont menées avec de l'ARN nu, la piste de l'encapsulation n'a pas été abandonnée. Toutefois, les travaux précurseurs de Frédéric Martinon et Pierre Meulien à l'Institut Cochin (lire chapitre 3) rendent à cette époque impossible de déposer un brevet sur une encapsulation dans des liposomes. Le brevet est donc pris sur une encapsulation avec des peptides (la protamine) venue du laboratoire de chimie de Gunther Jung à l'Université de Tübingen. Une piste qui continue d'être explorée même si elle ne s'est pas autant développée que celle des nanoparticules de lipides.

Outre Ingmar Hoerr, qui s'est formé au business avec un MBA, et Steve Pascolo, qui prend le poste de *chief scientific officer*, l'équipe fondatrice de CureVac est renforcée par le biochimiste Florian von der Mülbe, qui renonce alors à un poste chez Roche. Ils trouvent d'abord 100 000 euros auprès d'un investisseur écossais qui finalement se rétracte et exige d'être remboursé. Comme ils ont dépensé une partie de l'argent, ils sont sauvés *in extremis* de l'insolvabilité grâce à un emprunt de 20 000 euros auprès de la petite caisse d'épargne de Tübingen.

800 euros par mois

Le Land du Bade-Wurtemberg veut alors rivaliser avec sa voisine la Bavière dans les biotechnologies et soutient la petite équipe avec son programme de support aux

Junge Innovatoren. Cela se traduit par la mise à disposition d'un petit labo réaménagé dans le département de chimie. Ingmar Hoerr et Florian von der Mülbe se contentent de maigres salaires de 800 euros par mois. Steve Pascolo touche à peine le double grâce à des programmes de recherche universitaire.

Au-delà de leurs salaires, la question de l'argent s'impose vite dans la réalité des trois entrepreneurs novices. Pour convaincre des investisseurs sonnés par l'éclatement récent de la bulle Internet, ils ont besoin de mener des essais cliniques. En 2001, ils obtiennent un financement européen pour en mener un sur une grippe porcine. Mais c'est vétérinaire, donc peu rentable. Pour convaincre, il faut monter un essai clinique chez l'homme. Or, pour cela, il faut avoir des installations qui correspondent aux standards de l'industrie pharmaceutique, les GMP (*good manufacturing practices*).

Atteindre de tels standards est une tâche titanesque pour une start-up. L'équipe va pourtant entreprendre la construction de ce qui ne sera rien d'autre que le premier outil de production industrielle d'ARN messager en 2003. La même année, l'entreprise finit par obtenir 2,7 millions d'euros d'un capital-risqueur de Mannheim. Une bouffée d'air. Elle déménage peu après dans le parc technologique de Tübingen. La ville est petite, et le tiers de sa population est étudiante, mais elle voit grand. Elle a investi 5 millions d'euros dans des laboratoires flambant neufs aux normes GMP. CureVac peut les louer : les choses sérieuses vont enfin commencer.

La loi médicale allemande qui régit les essais sur l'homme est un modèle de rigueur. Mais un de ses alinéas autorise néanmoins un médecin à tester n'importe quelle substance sur un patient – sous réserve qu'il la produise lui-même. Steve Pascolo et Ingmar Hoerr voient là le moyen de démarrer une première étude clinique sur le mélanome en collaboration avec des cliniciens du département de dermatologie de l'université qui produiront les ARN messagers.

Le premier ARN injecté chez un humain

Pour s'assurer que la technologie fonctionne, Ingmar Hoerr suggère qu'il faudrait l'essayer sur un premier sujet. Steve Pascolo demande alors à l'un des dermatologues, Benjamin Weide, de lui injecter dans la jambe des ARN messagers codant des protéines témoins facilement visibles, car elles sont luminescentes. En 2003, il devient ainsi le premier être humain à avoir reçu des ARN messagers synthétisés *in vitro*.

Les premiers essais cliniques démarrent avec quelques patients cancéreux dont toutes les options thérapeutiques ont été épuisées dans le cas de mélanome puis de cancer des reins. Mais en dépit de résultats encourageants pour une technologie aussi nouvelle, leurs publications seront refusées par les grands journaux. La première étude ne paraîtra que cinq ans plus tard, en 2008, dans le *Journal of Immunotherapy*.

Ces essais vont cependant avoir plusieurs effets. Tout d'abord, ils vont attirer l'attention d'un entrepreneur influent dans les biotechnologies en Allemagne : Friedrich von Bohlen und Halbach. Membre de la famille Krupp et ancien élève de l'École polytechnique fédérale de Zurich, il a cofondé en 1997 l'entreprise de bio-informatique Lion Biosciences, devenue une *success story* après son introduction en Bourse en 2000.

Milliardaire bienvenu

Il présente aux fondateurs de CureVac le milliardaire Dietmar Hopp, qui a fondé le géant de l'informatique allemand SAP. C'est un informaticien et il est séduit par la démarche de CureVac qui consiste à transmettre de l'information moléculaire tout en sautant la case de l'ADN. Fin 2005, Dietmar Hopp investit 35 millions d'euros dans CureVac *via* son fonds de capital-risque.

Pour l'entreprise, c'est une renaissance. Mais Steve Pascolo y voit plutôt un tournant. Si, à la demande de Friedrich von Bohlen und Halbach, il a accepté de rester une année de plus à son poste chez CureVac, ses centres d'intérêt se sont déplacés vers Zurich, son hôpital universitaire et un chercheur pionnier : Thomas M. Kündig. « C'est le père de la vaccination intralymphatique, explique-t-il. Étant donné que ce sont dans les nœuds lymphatiques que l'on trouve le plus de cellules impliquées dans la réponse immunitaire, il me semblait intéressant d'essayer une autre piste que nos injections d'ARN intradermales pour produire des protéines antigènes qui devront de toute façon aller ensuite dans ces nœuds lymphatiques pour stimuler des lymphocytes T. »

Le cancer, la grande affaire

Il monte un essai de vaccin ARN pour le cancer du poumon avec l'équipe zurichoise. Cela le ramène dans le monde académique, où il est toujours aujourd'hui. Mais à Tübingen, ce départ n'est pas le bienvenu.

Au milicu des années 2000, personne ne s'intéresse aux vaccins contre les maladies infectieuses. La grande affaire, c'est le cancer. Les investisseurs n'ont d'oreilles que pour les promesses de l'immuno-oncologie. Cette approche s'incarne alors dans les centaines d'anticorps monoclonaux que commencent à développer les laboratoires pharmaceutiques. Ces anticorps qui rapportent des milliards aujourd'hui sont produits *ex vivo* par des cellules modifiées génétiquement. Rien n'interdit cependant de penser qu'ils ne puissent être produits *in vivo* par les cellules des patients. Il suffirait théoriquement d'envoyer les plans de ces protéines dans des ARN messagers pour que les cellules les produisent là où elles sont utiles.

Steve Pascolo a eu l'idée de tels ARN messagers dits thérapeutiques en constatant les difficultés d'un chercheur du groupe de Hans-Georg Rammensee à en produire une forme élaborée (dite bispécifique). Il développe cette technologie chez CureVac mais son rapprochement avec Zurich aboutit à ce que l'entreprise, modelée par une culture du secret, lui ferme la porte. Il devra se battre pour voir son nom inscrit sur le brevet qui sera déposé en 2007 sur cette technologie. Ce qui n'empêchera pas ce brevet, approuvé finalement en 2016, d'être immédiatement attaqué par pas moins de sept bureaux d'avocats, qui obtiendront son invalidation...

Des pas de fourmi

CureVac a cependant un autre problème à cette époque. Étant donné que l'entreprise a d'abord travaillé avec des ARN nus, son défi a été d'améliorer la proportion de ceux qui seront effectivement absorbés par les cellules et transcrits sous forme de protéines. Pour ce faire, le plus simple est d'augmenter le dosage : injecter plus d'ARN messager. Dans les années 2000, on utilise ainsi jusqu'à 800 microgrammes par injection, quatre-vingts fois ce que contient le vaccin anti-Covid de CureVac qui, à l'inverse, a peut-être été dosé trop prudemment au vu de sa faible efficacité (47 %) lors des essais cliniques rendus publics en juin 2021.

Même si cela a été discuté à plusieurs reprises, CureVac n'a pas de licence de la technologie de modification des bases des ARN messagers développée par Kati Karikó et Drew Weissman à l'Université de Pennsylvanie. Elle va donc développer d'autres voies pour améliorer sa technologie (*cf.* l'interview d'Ingmar Hoerr, p. 105). Avec un succès encore mitigé, vu les résultats décevants de ses essais de vaccin anti-Covid.

Dans l'ARN messager, il y a des régions codantes et d'autres qui ne le sont pas mais qui sont importantes pour sa stabilité et sa capacité à se lier aux ribosomes. CureVac a commencé par optimiser ces régions. Ses ARN messagers sont aussi enrichis avec certaines des quatre bases nucléiques de l'ARN (la guanine et la cytosine) pour diminuer la présence de celles (surtout l'uridine) qui déclenchent la réponse immunitaire innée.

Améliorer la coiffe des ARN

Baptisée « GC rich » et brevetée dès 2002 par l'entreprise, cette méthode améliore l'efficacité de la traduction de l'ARN messager en protéines. Mais sans complètement éliminer les réactions inflammatoires, dans la mesure où dix acides aminés sur les vingt qui composent les protéines ont besoin d'uridine (ou de pseudo-uridine) pour être exprimés. Les chercheurs de l'entreprise optimisent aussi les codons, les mots qui codent chaque acide aminé dans la séquence des ARN. Cela permet d'enrichir les protéines en certains de ces acides aminés afin qu'elles fassent mieux réagir le système immunitaire.

D'autres recherches tendent aussi à améliorer la coiffe des ARN messagers, leur extrémité distinctive qui permet aux usines à protéines des ribosomes de les identifier. Là, le défi est que tous les ARN soient « coiffés », autrement dit de les doter d'une terminaison qui permette aux ribosomes d'identifier les ARN messagers dans la cellule – or c'est loin d'être le cas lors de leur synthèse. Ensuite, il faut optimiser ces coiffes artificielles afin qu'elles adhèrent bien aux ribosomes.

Dans ce domaine, CureVac comme ses concurrents devra attendre 2017 et la mise au point par la société californienne Trilink d'une coiffe qui ne manque aucun ARN au cours du processus de leur synthèse et qui est reconnue à 100 % par les ribosomes. « Un saut de géant alors que pour tout le reste, on a fait des pas de fourmi pendant vingt ans », estime Steve Pascolo.

Le résultat de ces différentes améliorations est d'obtenir un ARN messager plus stable et qui fabriquera plus de protéines. Toutefois, pour CureVac, la démonstration de cette efficacité reste dans l'ombre des résultats décevants de ses essais de vaccin contre le Covid, sans qu'on sache clairement s'il faut les attribuer à un dosage faible ou au fait que CureVac n'utilise pas la pseudo-uridine de Karikó et Weissman. Quoi qu'il en soit, pour l'heure, aucun des vaccins de CureVac n'a atteint l'autorisation de mise sur le marché.

DARPA ressuscite les vaccins

L'entreprise, il est vrai, est longtemps restée concentrée sur les vaccins contre les cancers. Un domaine où les déceptions sont innombrables, comme l'illustre l'échec de son programme le plus avancé contre le cancer de la prostate en 2017. Toutefois, CureVac a vu s'ouvrir un autre champ, largement négligé par la recherche pharmaceutique, au cours de la décennie 2010.

Alors que la recherche sur les vaccins contre les maladies infectieuses a largement été désertée, faute de rentabilité prometteuse, l'agence de financement de recherches de pointe de la défense américaine, la DARPA, lance un vaste programme contre les maladies infectieuses en 2011. Il est alors justifié par les risques de guerre bactériologique ou de bioterrorisme. Dans ce cadre, CureVac s'associe à Sanofi-Pasteur pour mener un programme de développement de vaccins contre des maladies infectieuses (leurs noms n'ont pas été révélés) financé à hauteur de 33,1 millions d'euros.

Cette entrée dans le domaine des maladies infectieuses sera renforcée par une collaboration avec Johnson & Johnson pour un vaccin à ARN contre la grippe, puis par le soutien en 2015 de la fondation Gates pour divers vaccins. Sur cette base, CureVac lancera en 2017 un premier essai clinique de vaccin contre la rage dont les résultats (encore incomplets) sont discutés. Il a fallu en effet un dosage particulièrement faible (1 microgramme) pour éviter des problèmes de toxicité. Mais quand le dosage d'un vaccin à ARN diminue à ce point, le risque est de ne pas avoir d'effet thérapeutique.

Retrouver la vitesse du lièvre ?

L'expérience acquise au travers de ces programmes a cependant permis de mettre en place un outil industriel qui aurait pu lui donner de l'avance pour les vaccins anti-Covid et reste valable pour d'autres candidats. Et elle a aussi fait des progrès sur un autre front critique mais qu'elle maîtrisait moins : les nanoparticules de lipides.

Dans le cadre de la collaboration avec Sanofi, CureVac travaille ainsi avec une petite start-up française baptisée In-Cell-Art qui développe des nanoparticules lipidiques. Cette collaboration continue d'être évaluée. Mais pour son vaccin contre le Covid-19, CureVac a choisi comme BioNTech de travailler avec l'entreprise canadienne Acuitas.

Reste à savoir si ses technologies d'optimisation des ARN messagers et son dosage trois fois plus faible (12 microgrammes) que celui de BioNTech seront suffisants pour installer l'immunité recherchée de son vaccin anti-Covid. Si c'est le cas, CureVac pourrait revenir spectaculairement dans la course.

Des imprimantes à ARN messager

Pour l'heure, les résultats décevants de son vaccin anti-Covid n'ont pas permis à CureVac de quitter sa carapace de tortue. Mais l'entreprise a d'autres cartes en main.

Sa technologie vaccinale est moins chère et n'a pas besoin d'être réfrigérée à des températures aussi froides que celles de Pfizer-BioNTech et Moderna. Ses éventuels futurs vaccins ARN toujours en développement, par exemple contre la fièvre jaune ou la malaria, seraient donc potentiellement bien adaptés à une distribution dans les pays en voie de développement.

D'autre part, en collaboration avec Tesla, CureVac met au point des imprimantes à ARN messager, de petites unités de production facilement décentralisables pour produire des médicaments à la demande et personnalisés en fonction des patients. Cela pourrait être une des clés de l'application des technologies d'ARN messager à d'autres maladies que les pathologies virales. Sous réserve, bien sûr, d'une démonstration clinique qui continue de se faire attendre.

ENTRETIEN

ARN modifiés ou non ? Le fondateur de CureVac explique cette différence centrale

CureVac est la première start-up à avoir misé sur l'ARN messager. Mais elle n'a toujours pas de vaccins contre le Covid-19, contrairement à Moderna et BioNTech. Son fondateur explique ici son approche différente.

Cofondateur de CureVac, Ingmar Hoerr, 53 ans, a dirigé la société de 2000 à 2018. À l'hiver 2020, il en a repris les commandes, considérant que le développement d'un vaccin à ARN messager contre le Covid devait être la priorité. Entre rumeurs d'OPA de la part de l'administration Trump pour amener la biotech allemande aux

États-Unis et une hémorragie cérébrale, son retour a été difficile. Dans cette interview réalisée avant les résultats décevants de l'essai clinique de CureVac et qu'il n'a pas souhaité modifier, Ingmar Hoerr explique les choix technologiques qu'a faits l'entreprise pour ses vaccins à ARN messager.

CureVac avait une longueur d'avance dans le développement de vaccins à ARN messager, avec même un candidat contre la rage en développement clinique. Mais vous êtes arrivés bien après Moderna et BioNTech pour le Covid, pourquoi ?

Dès le début, nous avons tenté de développer d'abord des vaccins contre le cancer et cela est resté le cœur de notre stratégie. Mais lorsque la pandémie a commencé début 2020, il était clair qu'il s'agissait d'une opportunité pour CureVac. Nous devions concentrer nos forces pour développer rapidement un vaccin contre le Covid. C'est la raison pour laquelle j'ai repris le poste de CEO de l'entreprise en mars 2020.

Ensuite, pendant le développement du vaccin, nous avons beaucoup travaillé pour trouver la bonne dose. Si elle est trop élevée, vous avez des effets secondaires. Si elle n'est pas assez élevée, vous ne produisez pas assez de protéines pour développer l'immunité. C'est ce qui a amené CureVac à la dose de 12 microgrammes.

CureVac n'utilise pas d'ARN messager modifié comme celui adopté par Moderna et Pfizer-BioNTech. Est-ce aussi efficace ?

Grâce à mes recherches pionnières dans les années 1990, je sais que nous pouvons faire en sorte que l'ARN messager exprime des protéines même sans protection. Bien sûr, nous avons parcouru un long chemin depuis. Et nous avons développé des technologies qui nous permettent de travailler avec de l'ARN naturel, non modifié.

Certes, mais la réponse immunitaire innée qui se déclenche dans les cellules dans lesquelles les ARN messagers sont introduits peut déclencher une inflammation et finalement les détruire. Comment contournez-vous ce problème ?

Tout d'abord, on ne veut pas désactiver complètement cette réponse immunitaire innée. Elle est également nécessaire pour mobiliser les cellules qui vont mettre en place l'immunité acquise avec les vaccins. Pour réduire l'intensité de l'inflammation, on optimise les séquences des ARN messagers.

Comment ?

Cette séquence est faite de codons. Ce sont des sortes de cocktails de trois ingrédients à partir des quatre acides nucléiques A, C, G, U de l'ARN. Par exemple : GCA, qui code pour un acide aminé, ou CCC, pour un autre, etc. Comme il y a 64 de ces associations mais seulement 20 acides aminés à la fin, cela signifie que différents codons sont redondants. Ils codent le même acide aminé. Dans la séquence de nos ARN messagers, nous augmentons donc la proportion des codons qui provoquent moins de réactions inflammatoires que les autres pour exprimer le même acide aminé. Nous appelons cela l'enrichissement GC. Associé à d'autres technologies, cela nous permet également d'avoir des ARN moins instables et qui expriment davantage les protéines que l'on cherche à obtenir.

Dans quelle mesure cette instabilité quasi proverbiale de l'ARN messager a-t-elle eu un impact sur CureVac ?

Principalement au début. Personne ne nous croyait et c'est pour cela que nous avons fini par créer notre société, la première dans le domaine des ARN messagers. Ensuite, nous avons dû convaincre des investisseurs, ce qui a été difficile. Et nous avons dû mettre en place notre propre capacité industrielle en respectant les normes très strictes des bonnes pratiques de fabrication qui sont nécessaires lorsque vous voulez participer à un essai clinique. Cela a été difficile étant donné notre manque d'expérience dans ce domaine. Mais nous avons réussi, avec la première capacité industrielle au monde à produire de l'ARN messager. En parallèle, il y avait les difficultés de l'encapsulation de l'ARN, qui est et reste un défi.

Vous avez choisi de travailler comme BioNTech avec l'entreprise canadienne Acuitas pour le vaccin contre le Covid, alors que vous aviez travaillé jusqu'alors avec vos propres liposomes. Pourquoi ce choix ?

Acuitas est à la pointe de la technologie. Ils produisent également en qualité pharmaceutique à l'échelle industrielle. Cela nous a permis d'éviter d'avoir à mettre en place nos propres installations dans ce domaine.

Quelques jours seulement après votre retour dans l'entreprise, vous avez eu une hémorragie cérébrale et êtes resté dans le coma pendant plusieurs semaines à l'hôpital de la Charité à Berlin. Cela a-t-il eu une influence sur le développement du vaccin ?

Heureusement non. Les équipes de CureVac ont suivi notre stratégie consistant à privilégier la qualité sur la rapidité. Un point central était également de réduire les dosages et de pouvoir distribuer ce vaccin dans des pays où la chaîne du froid n'est pas aussi développée que dans les pays occidentaux. Pouvoir les stocker dans des réfrigérateurs normaux. Avec l'inégalité Nord-Sud que l'on constate aujourd'hui dans la distribution des vaccins, il est clair qu'il s'agit d'une question de santé publique de première importance.

CHAPITRE 6

Comment Moderna, son patron français et ses investisseurs suisses ont visé la lune – et y sont parvenus !

Moderna c'est d'abord l'histoire d'une ambition folle : déclencher une nouvelle révolution médicale avec l'ARN messager. C'est aussi l'histoire d'une course à la science, à l'industrialisation et à l'argent pour y parvenir. C'est enfin une histoire américaine largement menée par des Européens (et des Suisses), que l'on dit pourtant si frileux face au risque. Une histoire qui souligne que les temps changent.

Avez-vous déjà entendu parler de « Ginette » ? En France, c'est le surnom qu'utilisent les initiés pour désigner le lycée Sainte-Geneviève à Versailles, réputé pour offrir les meilleures préparations aux concours des grandes écoles de l'Hexagone. Plus *insider*, tu meurs. Du coup, cela peut paraître un peu étrange de placer Stéphane Bancel, le désormais milliardaire patron de Moderna, dans la catégorie des *outsiders* de l'ARN messager. D'autant que son parcours est celui du premier de la classe, version globalisée : École centrale, Harvard Business School et *young global leader* du forum de Davos. Et pourtant...

Et pourtant, Bancel est aussi un joueur du jeu de rôle Donjons et Dragons, la meilleure école de créativité du monde, à mon humble avis. C'est aussi un geek de la génération Apple. Et je soupçonne qu'il est habité par le rêve américain. Après un parcours fulgurant qui l'a vu, à 34 ans, prendre la tête du groupe BioMérieux, de ses 6 000 employés et 2 milliards d'euros de chiffre d'affaires en 2007, il plaque tout cinq ans plus tard pour rejoindre une microscopique start-up de la région de Boston : Moderna. C'était en 2011. Dix ans plus tard, tout le monde connaît le nom de cette entreprise qui a développé l'un des premiers vaccins anti-Covid. À l'époque, c'était plutôt : « Modern quoi ! ? »

Le roi Noubar

« Mon premier jour, il n'y avait qu'un employé. Nous n'avions pas de bureau et pas de labo. Et juste une petite expérience qui avait montré des résultats sur une dizaine de souris », raconte Stéphane Bancel en visioconférence depuis son bureau de Boston, pull fin à col roulé dont seule la couleur beige le distingue de l'uniforme foncé de Steve Jobs.

C'est vrai. Il n'avait pas grand-chose pour démarrer, mais il avait quand même Flagship Ventures. C'est cette firme de capital-risque qui l'a convaincu de quitter le pont du porte-avions BioMérieux pour prendre la tête du frêle esquif qu'un de ses fondateurs a baptisé en associant les mots « *modified* », en référence à la modification d'une des bases de l'ARN inventée par Kati Karikó et Drew Weissman*, et RNA (ARN, en anglais).

Un mot sur Flagship, d'abord. Le capital-risque est une industrie de territoires et de réseaux, un *Game of Thrones* technologique, avec ses maisons et ses seigneuries scientifiques. Dans le royaume des biotechnologies qu'est devenu Boston, entre le MIT et l'école de médecine de Harvard à la fin des années 2000, Flagship est un roi. Pas un deal important auquel ne participe le fondateur de cette firme, Noubar Afeyan. Non seulement parce que cet ingénieur biochimiste d'origine arméno-libanaise formé au Canada a du flair, mais parce qu'il dispose d'un impressionnant réseau dans l'industrie et la recherche académique. C'est d'ailleurs l'un de ses contacts universitaires, Robert Langer, qui lui a présenté la petite expérience sur dix souris que décrit Stéphane Bancel.

* *Cf.* chapitre 4.

Professeur de bio-ingénierie au MIT, Robert Langer est une « rock star » des biotechnologies, selon tous les scientifiques qui évoquent son nom. Il y a quelques années, la revue *Nature* avait raconté une journée typique de sa vie : un agenda qui fait trois pages une fois imprimé et un usage frénétique des courriels. La plupart des personnes inscrites dans son carnet de rendez-vous ont droit à quinze, maximum trente minutes. Son assistante m'attribue un créneau dans le haut de la fourchette.

Difficile de capter l'attention de Robert Langer dans son bureau mal éclairé du MIT. Il écrit des mails tout en discutant. Il ne se recentre derrière sa caméra que pour répondre à des questions très précises. Et il n'est pas du genre à vous flatter en vous disant qu'elles sont pertinentes. Robert Langer confirme, distrait, que c'est bien une conversation avec un chercheur de Harvard, Derrick Rossi, venu le trouver en mai 2010 pour le consulter sur une découverte qu'il venait d'effectuer, qui est à l'origine de Moderna. On dit que c'est l'immunologiste de Harvard Tim Springer, un collègue de Derrick Rossi, qui lui a présenté Robert Langer pour le conseiller sur la création de start-up. Parce qu'avec ses quelque 25 start-up à l'époque, Robert Langer est un prince, non seulement de la recherche mais aussi de l'entrepreneuriat. Sauf qu'il y avait autre chose.

Des cellules souches à toutes les thérapies

La découverte de Derrick Rossi, professeur adjoint au département de biologie régénérative de la faculté de médecine de Harvard, touche aux cellules souches, des cellules qui ne se sont pas encore spécialisées. Rossi, comme d'autres chercheurs, espère pouvoir en guider la spécialisation afin d'en faire des cellules de remplacement, des globules rouges par exemple ou des cellules de muscle cardiaque et pourquoi pas des neurones. Mais comme tous ses collègues américains à l'époque, il a un problème. Ces cellules souches viennent généralement d'embryons humains non utilisés par les services de procréation médicalement assistée des cliniques et des hôpitaux. Aux États-Unis, pays où l'avortement n'a jamais été pleinement accepté par une bonne partie de la population, cela alimente un féroce débat de bioéthique. En 2001, le président américain George Bush a tranché en réduisant considérablement l'accès aux cellules souches embryonnaires (Barack Obama reviendra sur cette décision en 2009).

En 2006, le chercheur japonais Shinya Yamanaka est cependant parvenu à reprogrammer des cellules adultes ordinaires pour qu'elles redeviennent des cellules souches. Cela lui vaudra un Nobel en 2012. Derrick Rossi est à Stanford à ce moment-là et il voit dans cette découverte une solution à son problème. Sauf qu'il y a un nouvel obstacle. Yamanaka a utilisé des rétrovirus pour transporter les séquences de matériel génétique destinées à reprogrammer les cellules. Le risque est de produire des mutations involontaires dans le génome. Et qui dit mutations dit souvent cancers.

Derrick Rossi fait cependant partie du petit groupe de chercheurs qui ont lu l'article de Kati Karikó et Drew Weissman en 2005 dans *Immunity**. Il se demande s'il ne serait pas possible d'utiliser l'ARN messager pour reprogrammer les cellules puisqu'il n'y a pas de risques qu'il provoque des mutations en s'intégrant au génome.

Recruté par Harvard en 2007, Derrick Rossi charge l'un de ses postdoctorants, Luigi Warren, de réussir cette prouesse. Comme Karikó et Weissman, Luigi Warren synthétise des ARN messagers avec des bases modifiées, comme la pseudo-uridine, afin d'éviter les inflammations parasites. En novembre 2009, il parvient à son tour à transfecter des ARN messagers et à les introduire dans des cellules de souris. Résultat : ces cellules sont bien reprogrammées en cellules souches. Ces recherches sont publiées dans la revue spécialisée *Cell* en novembre 2010.

Pour devenir une technologie, cette découverte fait cependant face à plusieurs défis. Celui de protéger les ARN pendant leur transport n'est pas le moindre. La technologie commerciale (TransIT) utilisée par Luigi Warren et Derrick Rossi marche bien pour la recherche.

---

* *Cf.* chapitre 4.

Mais elle a des problèmes d'efficacité et de toxicité qui en limitent l'usage clinique. Pour des essais sur l'homme, il faudrait un autre moyen de transport des ARN. Or c'est justement la spécialité de Robert Langer. Il y travaille depuis 1976.

« La rencontre avec Derrick Rossi avait plusieurs objets, confirme Robert Langer, bien en face de sa caméra maintenant. Nous avons parlé de la création d'une entreprise, mais aussi des technologies encore à développer pour transporter les ARN messagers dans les cellules, car cela restait un défi. » Robert Langer voit cependant autre chose dans le potentiel de la transfection de l'ARN messager. Comme Ingmar Hoerr chez CureVac ou Kati Karikó, il identifie un vaste champ d'applications thérapeutiques de cette technologie, bien au-delà des cellules souches. Trois jours plus tard, Rossi est invité à faire une nouvelle présentation chez Flagship Ventures avec qui Langer a créé une société l'année précédente (Selecta). C'est un petit monde.

Le royaume de Flagship Ventures

Dans un article paru en 2015 dans *Nature*, le fondateur de Flagship, Noubar Afeyan, déclarera que l'innovation de Rossi « a intrigué instantanément. » Il implique un autre chercheur de Harvard, Ken Chien, célèbre pour ses travaux sur les cellules souches cardiaques. Lui réalise quelques expériences et constate que les cellules cardiaques absorbent aussi l'ARN messager modifié de Rossi et expriment des protéines. À la fin de l'été 2010, Rossi, Langer, Afeyan et Chien créent Moderna. Ils dotent l'entreprise d'un conseil scientifique prestigieux avec le prix Nobel Jack Szostak et Doug Melton, directeur du Harvard Stem Cell Institute. Mais il manque un entrepreneur pour transformer les recherches en applications thérapeutiques.

À cette époque, Stéphane Bancel est déjà à Boston, ou plus exactement à Cambridge, de l'autre côté de la Charles River. Toutes les entreprises pharmaceutiques n'ont pas comme Novartis établi leur centre de recherche et développement sur l'avenue qui longe le MIT et les instituts de pointe en biologie moléculaire comme le Broad et le Whitehead institute. Mais toutes ont des avant-postes dans ce quartier. Celui de BioMérieux est sur Kendall Square. Et Stéphane Bancel s'y est installé parce qu'il sait que c'est à Boston que se dessine l'avenir de la médecine, plutôt que dans la banlieue de Lyon.

Comme tous les capital-risqueurs, Noubar Afeyan a besoin d'entrepreneurs pour construire des sociétés à partir des travaux scientifiques qu'il juge prometteurs. Cela fait quelque temps qu'il drague Bancel. En février 2011, il va lui expliquer Moderna dans les bureaux de Flagship. « C'était la première fois que j'entendais parler de l'usage thérapeutique de l'ARN messager », explique Stéphane Bancel, qui ignore alors que sa propre entreprise, BioMérieux, a eu cette opportunité en 1993, à l'époque des travaux précurseurs de l'Institut Cochin (voir chapitre 3).

« Noubar avait les données de Rossi, l'entreprise venait d'être créée et il voulait mon avis d'ingénieur biochimiste », explique Bancel, qui est passé par le groupe pharmaceutique Eli Lilly and Company, qui produit notamment le Prozac. Il y a acquis une bonne expérience de la production de protéines recombinantes, protéines produites par génie génétique dans des bioréacteurs puis injectées chez les patients. « Il voulait m'impliquer, mais j'étais assez sceptique. Il m'a dit : fais comme tu veux, que ce soit comme investisseur, pour un poste au conseil d'administration ou comme CEO. »

En bon Français cartésien, Stéphane Bancel rationalise. « Ma première question était de savoir s'il serait possible d'avoir un produit avant d'avoir épuisé l'argent des investisseurs. La plupart des biotechs se plantent, et la plupart des start-up se plantent. Là, on avait les deux. En plus, comme personne n'avait jamais produit une thérapie à base d'ARN, c'était impossible de savoir si on pouvait espérer un candidat sérieux après deux ans, ou cinquante ans, ou jamais », poursuit ce patron à l'américaine qui n'a pas complètement perdu une pointe d'accent de son Marseille natal.

Mais sa curiosité est piquée. Et son expérience des protéines recombinantes lui fait réaliser le potentiel de l'ARN. « Deux tiers des protéines qui sont produites à partir de notre ADN sont intracellulaires ou s'expriment sur la membrane de la cellule, explique-t-il avec une faculté certaine à aller à l'essentiel que certains attribuent à sa dyslexie. Cela signifie que vous ne pouvez pas les produire dans des bioréacteurs et les injecter comme de l'insuline. Le seul moyen, c'est de les produire *in vivo*, avec de l'ARN messager. Bien sûr, la technologie n'avait encore jamais été prouvée. Mais en même temps, à partir du moment où vous parvenez à avoir un produit approuvé, cela ouvre la voie, potentiellement, pour des centaines de produits. »

Le saut de la foi

Le soir, dans sa maison du quartier historique de Beacon Hill à Boston, il en parle à son épouse. « Je lui ai dit : "C'est extrêmement risqué mais si ça marche cela change la médecine. C'est une opportunité peut-être encore plus grande que celle des protéines recombinantes qui ont fait la fortune des biotechs." » Sa femme, américaine, le pousse à faire le saut de la foi, comme dans *Indiana Jones et la dernière croisade.*

Grâce aux 2 millions de dollars investis par Flagship, Tim Springer et Stéphane Bancel à l'occasion du premier tour de financement, le Français installe rapidement Moderna dans des bureaux au 200 Technology Square, à 100 mètres de ceux de BioMérieux. Il y loue aussi un petit labo. Jason Schrum, le seul employé de l'entreprise à ce moment-là, est chargé par les fondateurs de voir s'il y a des alternatives à la pseudo-uridine de Karikó et Weissman pour éviter d'avoir à en acheter le brevet. Stéphane Bancel comprend aussi que le transport des ARN va être un énorme défi. Les techniques utilisées par Rossi sont inadaptées pour des applications chez l'humain. Et comme nous l'avons vu avec les difficultés de Drew Weissman et de Katie Karikó, celles qu'utilise la biotech Alnylam à cette époque sont non seulement protégées comme un trésor mais elles ont été conçues pour d'autres ARN dits interférents. Or ceux-ci sont cent fois plus petits que les ARN messagers. « Mon premier recrutement a été un chimiste », dit Stéphane Bancel, qui souligne que « le transport de l'ARN, c'est la difficulté numéro un ».

Le reste de l'équipe, ce sont des biologistes. Leur première mission est de vérifier si cela peut vraiment marcher. « Je leur ai posé trois questions, poursuit Stéphane Bancel. Quelles sont les limites, en particulier en termes de toxicité ? Quelles sont les contraintes, par exemple les modes d'injection ? Et quel est le potentiel ? » Pour y répondre, l'équipe scientifique mène différentes expériences entre l'été 2011 et l'été 2012. Elle teste sur des cellules de culture et des animaux des doses massives d'ARN messagers pour trouver la limite haute en termes de toxicité. Elle essaie les différents modes d'injection (sous-cutanée, intradermique, intramusculaire, intraveineuse) pour déterminer lequel est le plus efficace.

Stéphane Bancel demande aussi à son équipe de tester sur des souris la production d'une centaine de protéines différentes (insuline, EPO, facteurs de croissance...) afin de mesurer l'étendue du potentiel. « Là, on a clairement vu l'avantage d'avoir une plateforme technologique, reprend celui qui aime bien rappeler son approche d'industriel. On a besoin de très peu de culture cellulaire. Une fois que l'ARN messager voulu est produit*, on utilise des enzymes qui font plein de copies de cette matrice pour faire plein d'ARN messagers. C'est toujours le même processus de fabrication et vous pouvez passer d'un type d'ARN à un autre en un mois. Alors que pour les protéines recombinantes, si vous changez, c'est plutôt un an. Parce que vous ne pouvez pas vous permettre de contaminer votre nouvelle production avec des cellules venues de l'ancienne. »

Les singes des investisseurs suisses

Cet aspect industriel sera crucial, comme on va le voir. Mais en 2012, Moderna n'en est pas encore là. Si les résultats sur les souris sont encourageants, la recherche pharmaceutique ne compte plus les échecs quand on passe des rongeurs à l'humain. Un capital-risqueur m'a dit un jour : « On sait soigner tous les cancers... chez la souris ! » Chez l'homme par contre...

Pour aiguiser leurs résultats, les chercheurs de Moderna se rendent à Montréal pour effectuer deux expériences sur des primates. La physiologie des singes,

* À partir d'une matrice d'ADN de bactéries dites plasmides, *cf.* chapitre 1.

en particulier leur système immunitaire, est, en effet, très proche de celle de l'homme. « C'est très coûteux, commente Stéphane Bancel. Mais on a choisi de faire deux expériences parce qu'avec une, on peut toujours vous dire que vous avez eu de la chance. »

C'est à ce moment-là, une fois obtenue la photo d'ensemble des limites en matière de toxicité et de l'étendue du potentiel de l'ARN messager pour produire des protéines, que Stéphane Bancel doit convaincre des investisseurs potentiels. En juin 2012, il est à l'hôtel Métropole de Genève où un financier de la place a réuni un petit groupe d'investisseurs suisses. Parmi eux, Ernest Loumaye, fondateur de plusicurs entreprises de biotechnologie comme ObsEva, se souvient parfaitement de cette présentation. « Il nous a dit que dans deux mois, l'entreprise aurait les premiers résultats de sa technologie à l'occasion de tests avec des hormones de croissance sur des primates. Et que nous pouvions attendre ces résultats pour matérialiser notre engagement financier. »

Deux mois plus tard, les expériences sur les singes montrent que leurs cellules ont bien produit des protéines : de l'érythropoïétine, la fameuse EPO qui augmente la production de globules rouges, et le GCSF, un facteur de croissance des globules blancs. Ces premiers résultats amènent les investisseurs de Suisse et d'ailleurs à débloquer 20 millions de dollars pour un nouveau tour de financement. Ils seront rejoints l'année suivante par d'autres investisseurs, notamment la banque Pictet. Les choses sérieuses vont pouvoir commencer.

La fin du secret

Jusqu'ici, Moderna a fonctionné en mode furtif. Elle n'a même pas annoncé sa création et son site Web minimaliste ne décrit que vaguement ses activités. Le 6 décembre 2012, elle envoie son premier communiqué de presse. Noubar Afeyan y déclare que « les promesses de l'entreprise rivalisent avec celles des premières sociétés de biotechnologie ». Un média en ligne va jusqu'à la comparer à Genentech, la star des biotechnologies devenue la vache à lait du groupe pharmaceutique suisse Roche.

Dans les labos de Moderna, on n'en est toutefois pas encore là. La question qui se pose d'abord est de savoir dans quel champ thérapeutique appliquer les ARN messagers. Le choix de facteurs de croissance de globules rouges et blancs pour les expériences sur le singe n'a pas été fait au hasard. Ils intéressent le cardiologue de l'équipe fondatrice, Ken Chien. En mars 2013, ils servent de base à la première collaboration de la biotech avec une grande compagnie pharmaceutique. AstraZeneca signe un contrat de 240 millions de dollars pour 40 options de médicaments, dont une application particulièrement inventive pour le muscle cardiaque que nous retrouverons dans le dernier chapitre.

L'« eurêka » des lipides

À côté de cela, il y a les maladies rares. D'abord parce qu'il n'y a pas de traitements mais aussi parce que les essais cliniques sont plus faciles à organiser que pour d'autres thérapies. Dans la législation américaine, l'*Orphan Drug Act* du 4 janvier 1983 soutient généreusement le développement de nouveaux médicaments pour ces maladies dites orphelines. Cela va d'un crédit d'impôts allant jusqu'à 50 % des sommes engagées pour les essais cliniques à une procédure d'enregistrement accélérée auprès de l'agence du médicament (la Food and Drug Administration, FDA). C'est un des ressorts du succès des entreprises de biotechnologies aux États-Unis. Là aussi, pour Moderna, cela aboutit à un accord avec la biotech Alexion pour 100 millions de dollars début 2014.

Cependant, au cours de l'année 2013, il se produit un événement extérieur à Moderna, mais qui va avoir une énorme influence. « Un tournant », insistait Stephen Hoge – un médecin devenu le visionnaire scientifique, et le président, de l'entreprise – lors du Vaccines Day, une journée de présentation des recherches de Moderna, le 14 avril 2021. Vous vous souvenez des difficultés qu'avaient Drew Weissman à obtenir des nanoparticules de lipides auprès de l'entreprise canadienne Tekmira et de sa partenaire de Boston Alnylam ? Ces deux sociétés sont en procès à partir de 2011. Moderna obtient alors des nanoparticules de lipides de Tekmira, rebaptisée depuis Arbutus. Pour des raisons juridiques, elle ne peut pas utiliser ces liposomes appelés MC3 pour des essais cliniques, mais elle le peut à des fins de recherche.

« Stephen Hoge est entré dans mon bureau au cours de l'été 2013 et il a commencé à dessiner une explication associant ARN messager, nanoparticules de lipides et processus industriels, explique Stéphane Bancel. C'était assez compliqué et j'ai dû lui demander de répéter deux fois. » C'est le moment eurêka de Moderna. L'explication de Stephen Hoge a une conclusion logique : l'ARN messager n'est pas que thérapeutique. C'est aussi une technologie vaccinale. En induisant une réponse immunitaire à partir des protéines exprimées par des ARN messagers de synthèse, on peut créer une défense immunitaire contre une maladie infectieuse et même contre des cellules cancéreuses, la piste qu'explorent au même moment CureVac et BioNTech en Allemagne.

À ce point de l'histoire, vous vous dites que cela fait beaucoup de lièvres à courir en même temps. Vous n'êtes pas seul. Maintenant qu'elle est sortie du bois, Moderna n'échappe pas à quelques coups de griffes. Le *Boston Globe* et le très influent site d'informations médicales Statnews ne manquent pas, à cette époque, de s'interroger sur les ambitions apparemment démesurées de l'entreprise. Et sur l'impétuosité de son patron français.

Apprivoiser la corne d'abondance

La réalité c'est que Moderna a trouvé une corne d'abondance. Mais qu'elle doit encore l'apprivoiser. Stéphane Bancel illustre cet apprentissage par un exemple. « Pendant longtemps, nous nous sommes demandé si utiliser des ARN modifiés [comme ceux de Karikó] ou pas était important. Nous avons conclu que oui. » Bien qu'elle ait cherché à développer ses propres bases modifiées d'ARN, l'entreprise prendra une licence de l'Université de Pennsylvanie et de Crucell sur la découverte de Karikó et Weissman, qui couvre un champ assez large. « Une facture de 75 millions de dollars », selon Stéphane Bancel.

La recherche se poursuit aussi dans les nanoparticules de lipides. Les chercheurs de Moderna utilisent d'abord le vecteur MC3 développé à Vancouver pour les ARN interférents d'Alnylam par Tekmira. Efficaces dans le foie, ils se dégradent mal dans le reste de l'organisme, ce qui en limite l'utilisation. Cela va conduire l'entreprise à développer ses propres formulations lipidiques. « Celle qui est dans notre vaccin anti-Covid disparaît en deux heures », affirme Stéphane Bancel. Cela n'empêchera pas un procès contre Moderna de la part de Tekmira (devenue Arbutus), décidément âpre à défendre ses brevets.

Une flotte plutôt qu'un porte-avions

La stratégie de Stéphane Bancel et de son conseil d'administration sera de penser d'abord que la largesse du champ d'applications de l'ARN messager justifie la création d'une flotte plutôt que d'un porte-avions. Entre 2013 et 2016, quatre filiales sont créées avec chacune leur spécialité : Valera pour les maladies infectieuses, Elpidera pour les maladies rares, Onkaido pour l'oncologie, Caperna pour des vaccins anticancers personnalisés. Deux filiales dans le cancer ? « C'était une connerie, regrette Stéphane Bancel, dont on comprend que le langage cash puisse passer pour de l'impétuosité. Cela n'a fait qu'amener de la complexité. » L'idée sera abandonnée en 2017. Mais pas les ambitions.

Certes, on peut dire que ces ambitions étaient exagérées. En 2016, l'entreprise mène pas moins de 50 programmes de recherche préclinique. Mais comme on va le voir, c'est plus nuancé. D'abord, ces ambitions ne sont pas étrangères au fait que Stéphane Bancel ait pu lever au total 1,6 milliard de dollars avant une introduction en Bourse record en décembre 2018. Laquelle valorise Moderna à 7,5 milliards de dollars (valorisation qui sera multipliée par 10 au printemps 2021). Mais dans les biotechnologies, le juge de paix, ce sont les essais cliniques. Le premier que va mener l'entreprise aura une influence déterminante sur la suite.

Lors du Vaccines Day de mai 2021, Stephen Hoge rappelait : « Nous avons dosé notre premier sujet dans un essai clinique en décembre 2015. » Stéphane Bancel reprend : « C'était notre premier produit, il s'agissait d'un vaccin pour une grippe H10N8 endémique en Allemagne. Nous avions d'abord organisé des challenges sur des animaux. » Il s'agit de mesurer l'efficacité du vaccin en injectant le virus de la grippe dans des souris vaccinées ou non. Quand les résultats arrivent, c'est le choc.

« L'augmentation de la réponse immunitaire acquise était exceptionnelle », se souvient la biologiste Melissa Moore, alors consultante pour l'entreprise avant d'en prendre la direction scientifique. Comme Jon Wolff (voir chapitre 2) ou Ingmar Hoerr (voir chapitre 5), Stéphane Bancel pensera qu'il devait y avoir eu une erreur et demandera que l'expérience soit refaite. « Mais il n'y avait aucun doute que ça marchait. C'est ce qui nous a donné confiance pour la suite avec le gros pari industriel de l'usine de Norwood », explique-t-il non sans une pointe de fierté.

Le capitalisme de plateforme

Même s'ils ne déboucheront pas sur un produit commercial, les résultats du vaccin et son début d'essai clinique contre la grippe H10N8 ont, en effet, une profonde influence sur l'entreprise. En septembre 2016, alors qu'elle est encore surnommée sur la côte Est « *the mysterious $2 billion biotech* », Moderna investit 110 millions pour transformer en deux ans les 20 000 mètres carrés d'une ancienne usine de Polaroid à Norwood, au sud-ouest de Boston, en une plateforme industrielle futuriste. Il est rarissime qu'une biotech qui n'a encore aucun produit approuvé et même pas encore d'essais cliniques avancés investisse dans une usine de production. « Moderna, c'est le modèle Amazon ou Tesla. Vous dépensez beaucoup d'argent sans encore en gagner pour prendre le marché », commente l'entrepreneur suisse Andrin Oswald, à la tête de Centogene après dix ans chez Novartis.

Exact, mais c'est aussi une version « biologie moléculaire » du capitalisme de plateforme qu'ont inventé les GAFA. « Pour faire des ARN messagers, vous utilisez toujours les mêmes quatre bases chimiques [les quatre acides nucléiques de l'ARN A, C, G, U], explique Stéphane Bancel. Cela signifie que vous n'avez pas grand-chose à changer pour produire des ARN différents qui expriment des protéines différentes. Pour les nanoparticules de lipides, c'est un peu la même chose. Si cela marche pour un, vous pouvez en produire d'autres avec quelques variations. Vous n'avez pas besoin de recréer toute la plateforme industrielle. »

Le vaisseau amiral de Moderna à Norwood, dont les capacités ont été doublées avec la crise pandémique, produit ainsi les différents ARN messagers de Moderna. Mais il a aussi poussé la logique de plateforme pour faire de l'ARN messager à la demande, avec un dispositif nommé mRNA Design Studio. Cet outil permet aux chercheurs internes, mais aussi externes, de concevoir sur leurs ordinateurs des ARN messagers qui sont ensuite produits dans une chaîne robotisée et modulaire. Il leur suffit d'envoyer le plan informatique de la séquence qui les intéresse pour recevoir ensuite leurs échantillons. Un peu comme les entreprises achètent de la puissance de calcul à des plateformes de services en ligne comme Amazon Web Services ou Microsoft Azure.

La quête de l'immunité

Les résultats obtenus contre la grippe H10N8 vont aussi avoir une influence sur la hiérarchie des priorités de l'entreprise. Certes, elle poursuit des programmes de vaccins anticancers avec Merck, de traitement de la mucoviscidose avec Vertex et élargit sa collaboration avec AstraZeneca, de la cardiologie aux cancers, en plus de ses propres programmes. La fin de sa collaboration avec Alexion à l'été 2017 n'a pas mis fin à ses ambitions de trouver des ARN messagers servant à produire des protéines pour des maladies rares. Mais après le vaccin contre la grippe dont elle a lancé les essais cliniques en juillet 2021, il est évident qu'elle privilégie l'immunité avec des vaccins mais aussi des anticorps fabriqués dans les cellules de l'organisme à partir d'ARN messager.

En septembre 2016, Moderna fait ainsi ses premières armes dans le cadre d'une réponse pandémique avec un vaccin à ARN contre le virus Zika. Elle mesurera à cette occasion le risque économique des vaccins, puisque l'épidémie disparaît. Ce sera quand même l'occasion d'installer une relation durable avec la Biomedical Advanced Research and Development Authority (BARDA, Autorité pour la recherche et développement avancés dans le domaine biomédical, l'agence qui finance la recherche médicale de pointe aux États-Unis), qui soutiendra à hauteur d'environ 1 milliard de dollars le développement de son vaccin anti-Covid en 2020.

Comme CureVac*, Moderna commence aussi à collaborer avec le programme ADEPT de l'agence de recherche du département de la Défense DARPA. De 2011 à 2019, ce programme de 291 millions de dollars a été conçu pour répondre rapidement avec des thérapies et des vaccins à une épidémie causée par un pathogène émergent ou à une attaque bioterroriste. Son concepteur, Dan Wattendorf, un ancien médecin de l'US Air Force, est un fan de la technologie des ARN messagers. Cela amènera à la collaboration avec Moderna pour la mise au point d'anticorps testés cliniquement contre le chikungunya. Et, après que Dan Wattendorf a rejoint la fondation Gates en 2016, à une autre collaboration pour des anticorps contre le sida. Moderna a aussi monté un essai clinique de vaccin contre le sida en collaboration

---

* *Cf.* chapitre 5.

avec l'International AIDS Vaccine Initiative fondée par Seth Berkley, le patron de l'Alliance internationale pour le vaccin (GAVI) aujourd'hui à Genève. À l'été 2021, l'entreprise compte 10 vaccins prophylactiques sur ses 24 programmes cliniques.

D'autres signaux montrent à quel point les maladies infectieuses et les vaccins sont progressivement montés dans l'ordre des priorités de Moderna. Comme l'entrée au conseil d'administration, en 2017, de l'immunologue Moncef Slaoui, avec ses trente ans d'expérience dans le développement de vaccins chez GlaxoSmithKline – il n'y restera que trois ans, appelé en 2020 à diriger la cellule Covid de la Maison Blanche. Enfin, si le marché des vaccins ne représentait avant la pandémie que 35 milliards, à rapporter aux 1 000 milliards du marché des médicaments, il y a une certaine logique au développement d'une médecine plus préventive que curative.

De ce point de vue, le développement par Moderna d'un vaccin contenant six ARN messagers différents pour attaquer le cytomégalovirus (CMV) est significatif. Cette forme d'herpès tend à passer inaperçue chez la plupart des gens et reste bénigne. Toutefois, elle mobilise et épuise le système immunitaire et le détourne de sa lutte permanente pour détruire des cellules cancéreuses et éviter qu'elles ne se développent. « Tout comme le virus Epstein-Barr, ce CMV a été associé par une multitude d'études à une réduction de la durée de vie », affirme Stéphane Bancel.

Les bons résultats obtenus par Moderna lors d'un essai de phase II* pour son vaccin contre le CMV en 2019 vont cependant avoir un autre effet. Le 2 mars 2020, Stéphane Bancel se retrouve au milieu de tous les patrons des grandes entreprises pharmaceutiques convoqués par Donald Trump à la Maison Blanche. Le président veut savoir combien de temps prendra le développement d'un vaccin contre le Covid. Autour de la table, ses concurrents évoquent « quelques années ». Le patron de Moderna, lui, peut répondre avec l'assurance que lui donnent 600 brevets, 50 articles scientifiques et les essais cliniques prometteurs du CMV. Et ses équipes ont déjà réussi à développer un candidat vaccin à ARN quelques semaines après que la Chine a publié la séquence génétique du coronavirus.

« Nous, nous parlons en mois », dit-il à Donald Trump. La course peut commencer.

* Le processus de test des vaccins passe par une phase préclinique en laboratoire et chez l'animal, qui peut déboucher sur des essais cliniques sur l'homme, en trois phases. En phase I, ils portent sur quelques dizaines de volontaires, en phase II, sur plusieurs centaines ou milliers de volontaires, en phase III, sur des milliers, voire des dizaines de milliers de volontaires, en comparant les effets du vaccin et d'un placebo, c'est-à-dire un produit dépourvu de substance active.

CHAPITRE 7

La course aux vaccins ARN racontée par son arbitre

Bien sûr, il y a des vaccins chinois, russes, indiens... mais la course aux vaccins à ARN messager s'est surtout déroulée aux États-Unis dans le cadre de l'opération Warp Speed de la Maison Blanche. Moncef Slaoui a organisé et arbitré cette course scientifique et clinique qui a vu des start-up battre les géants des Big Pharma. Il en livre ici un récit exclusif.

C'est une histoire qui va vous en rappeler une autre. Une fin de semaine de mars 2013, Andrew Geall, alors responsable de la recherche sur les vaccins à ARN chez Novartis à Cambridge, dans le Massachusetts, reçoit un coup de téléphone urgent. Son chef, Rino Rappuoli, lui explique qu'en Chine, trois personnes viennent d'être infectées par une nouvelle souche de grippe aviaire. Il lui demande si son groupe est en mesure de rapidement développer un vaccin.

Andrew Geall n'a pas besoin qu'on lui fasse un dessin. Il sait parfaitement que les mutations de la grippe chez les oiseaux puis le franchissement de la barrière des espèces par un tel variant sont considérés par l'OMS comme le principal risque de pandémie. Il se met immédiatement à la tâche.

Son groupe a déjà développé un vaccin à ARN autorépliquant* contre un alphavirus respiratoire qui a été testé avec succès sur des rats. Après avoir reçu de Chine la séquence génétique de la souche de la nouvelle grippe aviaire, l'équipe d'une soixantaine de personnes se met au travail. « Trois jours plus tard, nous synthétisions les premiers ARN, à la fin de la semaine nous avons testé les premiers candidats vaccins sur des cellules et une semaine après, sur des souris. » Bref, en un mois, Novartis était parvenu à développer un candidat vaccin…

Le troublant forfait des Big Pharma

Cette vitesse de développement est la caractéristique la plus stupéfiante des vaccins à ARN efficaces aujourd'hui contre le Covid-19. Toutefois, le succès de Novartis en 2013 soulève une question troublante : pourquoi le géant suisse est-il aujourd'hui réduit aux seconds rôles,

---

* *Cf.* chapitre 9.

à remplir des flacons avec les vaccins contre le Covid de ses concurrents ? Allons plus loin : pourquoi les leaders des vaccins comme le français Sanofi (numéro 3 mondial), l'américain Merck (numéro 2) ou le britannique GlaxoSmithKline (numéro 1) sont-ils absents ou au mieux loin derrière, tandis que des entreprises inconnues du public il y a quelques mois ont coiffé tout le monde au poteau ? L'expérience de Novartis avec la grippe aviaire de 2013 donne un début d'explication. Le vaccin à ARN d'Andrew Geall ne sera jamais testé sur l'homme dans des essais cliniques. « Fort heureusement, l'épidémie s'est éteinte rapidement », explique le chercheur. Et puis Novartis, qui s'était renforcée dans les vaccins en rachetant la biotech Chiron en 2006, décide à cette époque de vendre cette division pour se concentrer sur des thérapies plus rentables.

La transaction sera complexe. La loi antitrust des États-Unis empêche le groupe suisse de céder à son concurrent GlaxoSmithKline (GSK) son activité de vaccin pour la grippe. Celle-ci sera reprise en 2015 par le groupe australien CSL. Il va recentrer l'activité dans ses labos de Caroline du Nord. Cela aboutira au démantèlement de l'équipe de recherche sur les vaccins ARN, dont on retrouve les membres aujourd'hui chez les leaders de l'ARN comme Moderna ou chez Pfizer, dans le cas de Phil Dormitzer. Un transfert qui n'est sans doute pas étranger au fait que Pfizer, qui n'avait jusqu'alors que deux vaccins, ait le premier franchi la ligne d'arrivée grâce à sa collaboration avec BioNTech entamée en 2018 pour la grippe et poursuivie avec le Covid.

Longtemps directeur de la recherche sur les vaccins de GSK, Moncef Slaoui avance une autre explication. « Les grands groupes de vaccins ont tous souffert pendant les pandémies antérieures. En 2008-2009 pour la grippe H1N1, chez GSK, nous devions nous défendre contre des accusations d'avoir créé l'épidémie pour en profiter. En 2014 avec Ebola, nous avons travaillé vingt-quatre heures sur vingt-quatre pendant sept mois et l'épidémie s'est arrêtée. Même histoire avec Zika en 2016. Cela signifie des investissements qui ne sont jamais remboursés, à quoi s'ajoutent des coûts d'opportunité. Quand vos équipes sont mobilisées par l'urgence d'un vaccin, elles perdent du temps sur d'autres projets aussi importants pour la santé. »

L'échappée de Warp Speed

Moncef Slaoui, qui a rejoint le conseil d'administration de Moderna en 2017 pour y diriger le comité qui supervise la recherche et développement, ajoute un autre élément plus spécifique aux vaccins ARN : « Historiquement, il est pratiquement impossible d'introduire une nouvelle technologie vaccinale. Sauf en période d'urgence pandémique. » Il sait de quoi il parle. En mai 2020, l'immunologiste d'origine marocaine est devenu l'arbitre de la course des vaccins contre le Covid-19 en prenant la codirection de l'opération Warp Speed du gouvernement américain aux côtés du général Gustave Perna.

Warp Speed, c'est l'échappée du peloton dans cette course. Celle-là a bien sûr aussi ses compétiteurs russes, chinois, indiens... qui mériteraient leurs propres récits si ces informations n'étaient pas si difficiles à obtenir en ces temps d'immobilité sanitaire. Au total, à la mi-avril 2021, on compte pas moins de 184 vaccins anti-Covid en phase d'essais sur l'animal, 84 chez l'homme et 13 approuvés, selon le décompte mondial de l'Alliance pour le vaccin (GAVI). Reste que ce sont bien ceux à ARN sélectionnés par Warp Speed qui ont gagné la course. Et ils affichent le niveau le plus élevé d'efficacité et sont les plus distribués pour l'heure.

Moncef Slaoui raconte ici cette course au vaccin*.

« Ça a commencé par un coup de fil de Jim Greenwood », dit-il. Cet ancien membre du Congrès, républicain, dirige alors le lobby américain des biotechnologies, l'organisation BIO. Il veut lui proposer de prendre la tête de Warp Speed. « Je lui ai dit que je ne pouvais accepter qu'à condition d'avoir les mains complètement libres et pas d'interférence politique. Il m'a répondu : "Le gouvernement va vous appeler." »

---

* Moncef Slaoui a été entre-temps rattrapé par une affaire de harcèlement durant ses années chez GlaxoSmithKline et a dû démissionner de plusieurs de ses mandats, dont celui de conseiller du fonds d'investissement genevois Medicxi. Cet entretien a eu lieu avant que n'éclate le scandale et était centré sur ses compétences en immunologie et en biologie moléculaire, qui restent incontestables.

Personnellement opposé à la politique de Trump, Moncef Slaoui veut ce blanc-seing non seulement parce que son prédécesseur, Rick Bright, le directeur de la Biomedical Advanced Research and Development Authority (BARDA), a été réassigné après avoir dénoncé le népotisme de l'administration Trump, mais aussi parce qu'il a passé sa vie à combattre des épidémies. « Face à une pandémie, vous n'avez pas le temps de vous perdre dans les tractations de couloir et les tweets assassins. »

Le 15 mai 2020, quand il prend ses fonctions, il y a 94 projets de vaccins dans le monde dont 5 ou 6 en phase initiale d'essais cliniques. « C'était impossible de les examiner tous. Nous avons décidé d'en sélectionner huit dans quatre filières technologiques sur la base de critères de probabilité d'efficacité, de sûreté, de rapidité et de capacité de production à grande échelle. » Une sélection qui ne prendra que quatre jours…

Quatre technologies en concurrence

La piste des vaccins classiques est d'emblée écartée, jugée « plus lente et aussi plus dangereuse ». « Comme il faut d'abord cultiver des virus vivants pour ces vaccins classiques, poursuit Moncef Slaoui, il faut s'assurer qu'il n'y a pas de risques de contamination ni de fuites possibles dans l'environnement. Dans le cas des virus atténués, l'autre voie pour les vaccins classiques, la difficulté est de trouver l'équilibre entre suffisamment de réplication du virus afin d'obtenir une réponse immunitaire solide, mais pas trop, sinon il devient pathogène. Cela prend beaucoup de temps. »

Les quatre plateformes technologiques retenues sont d'abord les vaccins à ADN d'Oxford-AstraZeneca et de Johnson & Johnson. « Le jour où j'ai pris mes fonctions, on annonçait une première commande de 300 millions de doses à AstraZeneca », précise-t-il. La seconde catégorie est celle de vaccins à protéines recombinantes déjà utilisée pour des vaccins contre l'hépatite B ou le papillomavirus. Là, ce sont les candidats de Novavax et de l'alliance Sanofi-GSK qui sont retenus. Il hérite aussi d'une collaboration entre le groupe Merck et l'International AIDS Vaccine Initiative (IAVI) pour deux projets de vaccins atténués non pas à partir du virus du Covid mais de celui de la stomatite vésiculaire, un virus qui touche le bétail. Ces projets avaient déjà démontré leur efficacité contre Ebola et contre un virus de la rougeole. À cela s'ajoutent les deux vaccins à ARN messager, ceux de Moderna et de Pfizer-BioNTech.

D'abord baptisé Projet Manhattan 2, l'opération Warp Speed a été lancée à la fin mars 2020 comme un partenariat entre le public et le privé destiné à accélérer le développement d'une part des vaccins et de l'autre des médicaments. Et elle a été dotée d'un budget initial de 10 milliards de dollars. Forcément, cela la place sur une ligne de crête favorable aux conflits d'intérêts. Moncef Slaoui n'échappera d'ailleurs pas aux soupçons puisqu'il vient du conseil d'administration de Moderna

– dont il a cependant vendu (très bien) ses actions en prenant ses fonctions.

Lui voit surtout un avantage à cette proximité, du moment qu'il s'agit d'une technologie qui n'a encore jamais été approuvée. « En 2019, Moderna avait reçu les résultats de la phase II d'un vaccin à ARN contre le cytomégalovirus. Il montrait que les personnes vaccinées développaient plus d'anticorps contre la maladie que les personnes infectées naturellement. Cela a donné beaucoup de confiance dans le potentiel de la technologie à ARN. » Un pronostic confirmé par la responsable scientifique de Moderna, Melissa Moore : « À partir de la séquence génétique du virus, nous n'avons désigné qu'un seul ARN messager codant la protéine Spike du virus, tellement nous avions confiance. »

C'est qu'au moment où l'opération Warp Speed démarre sur le plan opérationnel, la course a déjà commencé. À partir de la séquence de l'ADN du coronavirus partagée par les chercheurs chinois le 12 janvier, les différents groupes de développement des vaccins ont entrepris immédiatement d'élaborer des candidats. En mai 2020, plusieurs sont déjà en phase I d'essais cliniques.

Chez BioNTech, Ugur Sahin teste depuis la mi-avril quatre versions différentes de vaccins à ARN (deux modifiés avec la pseudo-uridine avec des dosages différents, un sans et un avec un ARN autorépliquant). Dans le même temps, son concurrent allemand CureVac, qui s'est rallié aux nanoparticules de lipides de l'entreprise canadienne Acuitas, est retardé par la recherche de la dose idéale. Un essai précédent contre la rage avait en effet montré un risque de toxicité liée au dosage. Moderna est alors la plus avancée avec une phase I démarrée le 16 mars, 63 jours après la publication de la séquence génétique du coronavirus. À la mi-mai, AstraZeneca est aussi en phase I tandis que Johnson & Johnson, Merck, Sanofi et Novavax sont encore chez l'animal.

Ces phases I ont de toute manière déjà été financées par les entreprises et par des agences publiques. Le rôle de l'opération Warp Speed est d'abord de financer la partie la plus coûteuse et la plus difficile des essais, la phase III sur des groupes de l'ordre de 30 000 personnes et des centaines de centres cliniques. « Une facture de l'ordre de 800 à 900 millions de dollars par essai », indique Moncef Slaoui.

Les règles du jeu

Avant de distribuer cette manne, Moncef Slaoui et le général Perna se mettent d'accord sur l'organisation légère de Warp Speed. Le premier s'occupera de la recherche et du développement, le second de la logistique. Un conseil, composé du ministre de la Santé Alex Azar, du ministre de la Défense (qui changera trois fois), d'Anthony Fauci qu'on ne présente plus, du directeur des NIH Francis Collins et de celui des CDC* Robert Redfield ainsi que, côté Maison Blanche, de la doctoresse Deborah Birx et du gendre du président Trump, Jared Kushner, en charge de la supervision. « Un contrôle souple, selon Moncef Slaoui, ce conseil ne se réunissait que tous les quinze jours. »

Pour le suivi quotidien et la prise de décisions rapides, Moncef Slaoui met sur pied une équipe composée surtout de scientifiques de BARDA et incluant d'abord le directeur de l'agence du médicament FDA. Le conseil de l'agence considérera toutefois que ce dernier serait à la fois juge et partie à ce poste, et il sera remplacé par Matt Hepburn, un spécialiste des épidémies venu de l'agence de recherche militaire DARPA. « Pour aller vite, il fallait que nous fonctionnions sans bureaucratie, sans comité d'experts indépendants qui soupèsent cinq solutions », poursuit Moncef Slaoui. Reste que pour arbitrer une course, il faut une règle du jeu. Elle va principalement concerner la définition d'un protocole clinique qui permettra les comparaisons.

« Nous nous sommes d'abord mis d'accord sur la définition de ce que c'est qu'un cas de Covid afin d'avoir des résultats homogènes, poursuit Moncef Slaoui. Ensuite nous avons défini six critères incontournables qui, s'ils étaient remplis, permettaient le financement. » Merck recevra ainsi 38 millions de dollars, Johnson & Johnson

* Centres pour le contrôle et la prévention des maladies, qui forment la principale agence fédérale des États-Unis en matière de protection de la santé publique.

1 milliard, AstraZeneca 1,2 milliard, Moderna 1,53 milliard, Novavax 1,6 milliard, Sanofi et GSK 2,1 milliards.

Pfizer et BioNTech, eux, financeront eux-mêmes leurs essais cliniques, se contentant d'un support dans la sélection des centres cliniques. « Comme il était impossible de prévoir où l'épidémie serait la plus forte et par conséquent les résultats les plus rapides, nous devions recruter un nombre exceptionnel de 100 à 200 centres pour chaque essai et couvrir tout le territoire », relève Moncef Slaoui.

Premiers dérapages

Le printemps 2020 commence par un premier écrémage parmi les retardataires encore en phase préclinique. « Dans le cas des vaccins à ADN, le principal risque concerne les vecteurs viraux, explique Moncef Slaoui. Ceux de Johnson & Johnson et d'Oxford AstraZeneca ayant déjà été testés pour d'autres vaccins, ils ont pu démarrer assez vite. » Johnson & Johnson va ainsi avancer sa phase I prévue pour septembre à juillet. Et AstraZeneca démarrera sa phase III le 31 août avec un écart réduit à trois semaines d'avance sur Johnson & Johnson.

Pour d'autres technologies, cela se passe nettement moins bien. Dans les protéines recombinantes, Novavax qui avait lancé son essai de phase I le 25 mai ne commencera sa phase III qu'à la fin septembre. « L'approche était connue, mais comme elle suppose de produire ces protéines copies de sous-parties de la protéine S du coronavirus, leur purification et leur stabilisation représentent des challenges importants », commente Moncef Slaoui.

Sanofi et GSK vont en faire les frais. Basée sur la production de protéines dans des lignées cellulaires de mouches, la technologie va commencer par produire non seulement des parties de protéine S mais aussi d'une autre, très proche, qui rend la purification difficile, avec au final des lots contenant de 50 à 70 % de contaminants. Résultat : l'essai de phase I ne démarrera qu'en septembre. Des retards seront encore annoncés en décembre 2020 à la suite cette fois d'une erreur de dosage. La phase II n'a repris qu'en février 2021. À ce moment-là, Merck a jeté l'éponge après une phase I décevante. Par contre, Novavax et Johnson & Johnson annoncent, eux, des résultats d'efficacité de 89 et 70 % respectivement et lancent leurs demandes d'homologation auprès des agences de médicaments.

Trois mois après les vaccins ARN

Les essais de phase III démarrés à la fin juillet 2020 par Moderna et Pfizer-BioNTech et fin août pour AstraZeneca n'ont pas pour autant été un long fleuve tranquille. Une semaine après le début de son essai aux États-Unis, le groupe anglo-suédois doit le mettre sur pause à la suite de cas d'effets secondaires neuronaux.

La FDA demande alors des informations plus détaillées, y compris sur les dix ans d'expérience du vecteur viral employé par les chercheurs d'Oxford. Elle ne les obtiendra qu'au bout de six semaines, ce qui sapera la confiance des experts de l'agence et de ceux du DSMB (Data Safety and Monitoring Board), le groupe d'experts indépendants qui suivent et contrôlent les essais cliniques. L'essai américain ne reprendra que fin octobre et le vaccin à ADN d'AstraZeneca sera approuvé au Royaume-Uni fin décembre et en Europe fin janvier sur la base des résultats d'essais parallèles menés en Grande-Bretagne, en Afrique du Sud et au Brésil.

Le 12 septembre, Pfizer annonce aussi, bien qu'ayant quasiment recruté les 30 000 patients de son essai, qu'il l'augmente à 44 000 personnes. Officiellement, c'est pour ajouter des adolescents de 16 à 18 ans et des patients immunodéprimés. En réalité, il semble que Pfizer n'avait alors pas suffisamment recruté de patients représentant la diversité ethnique de la population américaine (soit environ un tiers d'Afro-Américains, d'Hispaniques et d'Asiatiques). Quoi qu'il en soit, cela va conduire l'entreprise à abandonner sa première évaluation intérimaire, soit 32 patients infectés de plus dans le groupe qui a reçu un placebo par rapport à celui qui a reçu le vaccin, sans que l'on connaisse les résultats. Pfizer-BioNTech annoncera ses résultats sur la base de 94 cas d'écart le 9 novembre, autrement dit au seuil fixé pour la deuxième évaluation intérimaire, privant Donald Trump d'une annonce de succès d'un vaccin avant l'élection présidentielle. Moderna suivra une semaine plus tard (avec 151 cas).

Les vaccins à ARN affichent alors une efficacité de plus de 90 %, quand la FDA se serait contentée de 50 %. Dans les semaines qui suivent, les deux vainqueurs reçoivent l'autorisation de mise sur le marché en urgence aux États-Unis et en Europe. Commence alors le défi logistique. Et là encore, la nouvelle technologie va triompher, en dépit du fait qu'elle soit plus chère et demande une chaîne du froid plus complexe.

Le sprint industriel

La mise à l'échelle des capacités de production n'a pas attendu le résultat des essais cliniques. La synthèse d'ARN messager étant une opération essentiellement chimique, elle ne demande pas de culture cellulaire comme c'est le cas pour les vecteurs viraux qui ont, du coup, des exigences de confinement plus élevées. Par contre, l'encapsulation des ARN messagers dans les nanoparticules reste un défi. « Ce n'est pas la même chose de produire 10 litres en laboratoire que 500 litres dans une usine, observe Moncef Slaoui. Même si fondamentalement, l'ARN demande des infrastructures moins grandes. »

De ce point de vue, Moderna dispose déjà de l'expérience de l'usine qu'elle a montée à Norwood près de Boston. Elle va la transmettre à son partenaire pour la production, le groupe suisse Lonza. Du côté de BioNTech, qui n'a jamais produit à cette échelle, c'est le bulldozer Pfizer qui va faire la différence. Et dans les deux cas avec l'aide de Warp Speed.

À dix-huit reprises, l'organisation va en effet faire invoquer par divers ministères américains le *Defense Production Act* pour obtenir une priorité dans la fourniture des équipements comme des matériaux, en particulier des lipides. L'armée sera aussi mise à contribution pour assurer le transport logistique en fermant des autoroutes ou en sécurisant des pistes d'aéroports.

Après avoir si mal géré la pandémie (près de 600 000 morts à la fin avril 2021), les États-Unis font une démonstration technologique et logistique dans la vaccination (plus de 220 millions de doses administrées essentiellement avec les deux vaccins ARN à la même date). Moncef Slaoui voit cependant une autre raison à ce qu'il faut bien appeler une victoire : « Les contrats de précommandes de Warp Speed prenaient en charge tout le développement sous condition de réserver les 100 millions de premières doses aux États-Unis avec des options pour la suite. Les contrats européens, eux, ne prévoient que la fourniture des doses. »

Après avoir démissionné de Warp Speed tout en y gardant un rôle de consultant en janvier 2021 à la demande de l'administration Biden, Moncef Slaoui a désormais d'autres objectifs. La démonstration de l'ARN dans les vaccins n'est qu'un début. « L'ARN annonce une révolution médicale qui va nous occuper au moins pour les dix ans à venir. » La technologie peut s'appliquer à presque toutes les maladies. En commençant par le cancer, qui est la priorité du vainqueur de la course aux vaccins : BioNTech.

CHAPITRE 8

Que va faire la flèche d'argent BioNTech de sa victoire ?

Fondée par un couple d'oncologistes, BioNTech veut avant tout utiliser l'ARN messager pour apprendre à notre système immunitaire à triompher des cancers. De tous les cancers. Pour cela elle développe des vaccins anticancers qui ont bien des chances d'être les premières applications de l'ARN au-delà du Covid-19. La troisième révolution médicale, celles des acides nucléiques de l'ARN messager après celles des médicaments chimiques puis biologiques, a déjà démarré à Mayence.

Si vous avez l'occasion de vous rendre dans le paddock d'une course de Formule 1, c'est *open bar* pour les VIP et les journalistes dans les stands de toutes les écuries. Toutes, sauf deux : Ferrari et Mercedes, gardées comme des coffres-forts. Eh bien, dans la course qui se dessine pour prendre les meilleures places de la révolution médicale qu'ouvrent les thérapies basées sur l'ARN messager, Ferrari c'est Moderna et Mercedes c'est BioNTech. Et la question est de savoir ce que va faire maintenant la flèche d'argent BioNTech de sa victoire dans la course aux vaccins anti-Covid.

La première chose à savoir c'est que développer ce vaccin n'était pas le plus difficile pour cette entreprise allemande. Son objectif, c'est de guérir le cancer. Tous les cancers, parce qu'ils sont tous différents et que pour être efficace, il faut pouvoir personnaliser les traitements pour chaque patient. Or, cela, l'ARN messager le permet. Qui plus est, à un coût qui ne ruine pas le système de santé parce que, comme dans le cas de vaccins, il s'agit avant tout d'apprendre au corps à se guérir lui-même. Les vaccins anticancers sont la raison d'être de BioNTech, fondée il y a treize ans par un couple d'oncologistes d'origine turque : Ugur Sahin et Özlem Türeci.

Le record du tour pharmaceutique

Flash-back. Le samedi 25 janvier 2020, Ugur Sahin se met devant son ordinateur. L'épidémie apparue en Chine n'a pas encore de nom et l'OMS n'a pas encore déclaré l'état d'urgence (elle le fera le 30). Mais quatre jours plus tôt, les premiers cas sont apparus aux États-Unis, et la veille en France. Ugur Sahin sent la pandémie arriver.

Comme d'autres, il dispose de la séquence complète du coronavirus, rendue publique par les autorités chinoises le 12 janvier. Sur son PC, il conçoit une dizaine de modèles d'ARN messager codant pour la protéine Spike, celle qui permet au coronavirus d'entrer dans les cellules pour se multiplier. Les équipes de BioNTech développeront plus tard une dizaine d'autres versions de cette molécule : celle qui, dans notre analogie de départ, sert d'avis de recherche contre les coronavirus à nos anticorps et autres globules blancs, une fois que nous sommes vaccinés. L'une de ces versions va aboutir au premier vaccin qui sera autorisé contre le Covid par l'agence du médicament britannique, le 2 décembre 2020.

Dix mois ! Le record absolu pour le développement de n'importe quelle thérapie. Quand les résultats des essais cliniques de ce vaccin « BNT162b2 » sont publiés dans le *New England Journal of Medicine*, huit jours plus tard, la prestigieuse revue parlera de « triomphe ». À ce jour, le vaccin inventé par Ugur Sahin et ses équipes reste le plus efficace. Même s'il s'en faut d'un cheveu vis-à-vis de celui de Moderna.

Le vaccin contre le Covid n'était pas le plus difficile

Quand il se met derrière son ordinateur en janvier 2020, Ugur Sahin sait le potentiel de l'ARN messager pour produire directement dans le corps une protéine dite antigène, à même de déclencher une réponse immunitaire. Cela fait plus de dix ans qu'il travaille avec son épouse et les équipes aussi internationales que paritaires (50 % de femmes) de BioNTech à la mise au point d'ARN de synthèse destiné à activer le système immunitaire. Mais il le fait dans un contexte beaucoup plus complexe que celui d'un virus : celui des tumeurs cancéreuses. En effet, ce n'est pas pour rien qu'on parle de tumeur maligne. Les mutations provoquées par le cancer lui servent, entre autres, à se rendre invisible à nos défenses naturelles, qui autrement détruisent régulièrement les cellules devenues tumorales à cause des mutations qui se produisent lors de la perpétuelle régénération de nos cellules.

Les innombrables recherches qui ont précédé les travaux d'Ugur Sahin lui ont aussi appris que l'ARN messager nécessaire pour coder la protéine Spike du coronavirus que reconnaîtront les anticorps et les globules blancs ne doit pas être une copie du virus naturel. Il en faut une version améliorée.

Une protéine Spike améliorée

La séquence de l'ARN messager de BioNTech, publiée par l'Organisation mondiale de la santé, comporte ainsi très exactement 4 284 caractères à partir des quatre bases constitutives de l'ARN : A, C, G et U. Enfin pas tout à fait U. Comme Moderna, BioNTech utilise la pseudo-uridine de Kati Karikó et Drew Weissman. Et comme Moderna, BioNTech s'est acquittée de la facture de 75 millions de dollars pour en obtenir la licence de l'Université de Pennsylvanie et de la biotech Cellscript qui en a acheté la licence exclusive.

Comme CureVac et comme Moderna, Ugur Sahin a profité du fait que les triplets de caractères (les CGA, CCC…) qui assemblent ces bases pour former les mots servant à coder chacun des 20 acides aminés constitutifs des protéines sont redondants. Comme nous l'avons évoqué pour CureVac*, c'est un problème de maths assez simple : il y a 64 combinaisons (appelées codons) possibles de ces quatre bases mais, à la fin, seulement 20 acides aminés. Cela signifie que plusieurs codons donnent le même acide aminé. On peut donc en remplacer un par un autre. En augmentant le nombre des codons qui contiennent plus de G et de C, Ugur Sahin a obtenu un ARN messager qui produit plus de protéines et entraîne une immunité plus solide.

Il y a d'autres trouvailles : une coiffe haute couture pour que les ARN soient parfaitement identifiés par les usines à protéines dans les cellules (les ribosomes). À l'autre extrémité, la queue des ARN messagers du vaccin BioNTech a été légèrement modifiée pour ralentir les enzymes qui dégradent les ARN et lui donner ainsi la possibilité de générer un maximum de protéines. Enfin, la séquence de cet ARN messager a aussi été conçue

* *Cf.* chapitre 5.

pour concentrer un acide aminé particulier (la proline). L'avantage est qu'une fois produites les protéines Spike ne se déforment pas. Elles ressemblent ainsi le plus possible à celles du virus naturel quand elles sont finalement présentées au système immunitaire.

Le projet Lightspeed

Le perfectionnisme d'Ugur Sahin, qui a toujours conservé son poste de professeur à l'Université de Mayence, transparaît dans tous les aspects de la mise au point de ce vaccin à ARN messager. Car ces améliorations vont se retrouver dans l'efficacité du vaccin anti-Covid de BioNTech. C'est sans doute une des raisons pour lesquelles ce vaccin anti-Covid est dosé à 30 microgrammes par dose quand celui de Moderna l'est à 100. L'autre raison pourrait aussi tenir à la différence entre les nanoparticules de lipides qui enveloppent les ARN messagers pour les protéger pendant leur voyage vers les cellules comme me l'a suggéré l'inventeur de cette technologie critique, le biochimiste canadien Pieter Cullis. Moderna utilise sa propre formule tandis que BioNTech s'est ralliée à celle de la biotech canadienne Acuitas.

Reste que le perfectionnisme d'Ugur Sahin se déploie aussi lors de la première phase de l'essai clinique du vaccin anti-Covid, lancée le 23 avril 2020. Il aura quatre versions, afin de comparer des dosages différents et même une technologie différente (avec de l'ARN auto-répliquant). Pour être sûr.

Revenons un instant sur les dates. 25 février : esquisse sur l'ordinateur. 23 avril : première injection sur un volontaire en Allemagne. Cette vitesse éclair – Ugur Sahin a baptisé le projet Lightspeed – n'est pas seulement caractéristique de la vitesse exceptionnelle de développement des vaccins à ARN messager. C'est aussi le fruit d'un engagement. Dès la fin février, les 1 000 employés de BioNTech se sont réorganisés pour travailler sept jours sur sept. Leurs vacances sont annulées et ils sont priés d'éviter les transports publics et autres lieux de transmission du Covid pour ne pas risquer de ralentir le projet en tombant malades.

Le bulldozer Pfizer

Toutefois, pendant cette période, BioNTech ne dispose ni d'une capacité de production ni d'une organisation d'essais cliniques à l'échelle de la pandémie. Selon le *Wall Street Journal*, c'est un coup de téléphone, le 1er mars 2020, la veille de la réunion organisée par Donald Trump avec tous les patrons du secteur pharmaceutique, qui a réglé la question. Ugur Sahin s'adresse alors à Kathrin Jansen, la responsable de la recherche et du développement des vaccins chez Pfizer. Une femme exceptionnelle, selon le site d'informations Statnews, rarement tendre avec les Big Pharma. À 62 ans,

Kathrin Jansen, qui a fait ses premières armes au Glaxo Institute for Molecular Biology à Genève à la fin des années 1980, a deux succès énormes à son actif dans les vaccins : le Gardasil contre le papillomavirus qu'elle a développé chez Merck et le Prevnar 13, un vaccin contre les pneumocoques qu'elle a mis au point chez Wyeth.

Après le rachat pour 68 milliards de dollars par Pfizer de Wyeth en 2009, ce Prevnar 13 est devenu la vache à lait du groupe, qui avait inventé le Viagra mais était absent des vaccins. C'est le produit le plus vendu par Pfizer et le vaccin le plus vendu au monde. En 2020, ses revenus atteignaient 5,8 milliards de dollars. Inutile de préciser que Kathrin Jansen a l'oreille du grand patron de Pfizer, Albert Bourla. Aussi, quand elle répond à Ugur Sahin lors de leur échange téléphonique : « Heureuse de travailler avec vous », l'affaire est conclue.

La conversation avec Ugur Sahin a sans doute été aussi facilitée par le fait que Kathrin Jansen a fait ses études en Allemagne après que ses parents ont fui l'Allemagne de l'Est juste avant la construction du mur. De plus, Pfizer et BioNTech travaillaient au développement d'un vaccin à ARN contre la grippe, le seul contre une maladie infectieuse de la biotech allemande, depuis 2018.

Le coup de fil du 1er mars met la puissance du bulldozer américain au service de la biotech allemande. Grec d'origine et vétérinaire de formation, le patron de Pfizer, Albert Bourla, commence par signer des chèques. Il refuse le soutien financier de l'opération Warp Speed pour le développement clinique du vaccin de BioNTech et investit 2 milliards de dollars. Avant même que les premiers résultats ne soient connus, il fait réaménager une usine dans le Massachusetts pour produire les vaccins destinés aux essais cliniques. Et même acheter sept machines à 200 millions de dollars pièce pour encapsuler les ARN messagers dans leur enveloppe lipidique afin de pouvoir en produire en masse. Alors que rien n'est encore sûr.

En mars 2020, les chercheurs de Pfizer et de BioNTech ont commencé à réduire le nombre de leurs candidats ARN à partir de tests sur les animaux. Le 12 avril, il en reste quatre. Décision est prise par Ugur Sahin de tous les tester. Deux candidats se dégagent ensuite : l'un qui produit une protéine Spike partielle et l'autre complète. C'est ce dernier qui est retenu le 23 juillet, la veille du jour où Pfizer doit remettre son dossier pour le vaste essai clinique à l'agence du médicament aux États-Unis. La suite est connue.

Divorce à l'américaine

La suite que l'on ne connaît pas encore, c'est ce que BioNTech va faire de ce succès et de la gigantesque manne qui l'accompagne. Le développement du vaccin anti-Covid va rapporter une fortune à BioNTech et à son allié Pfizer. On parle de 26 milliards de dollars pour l'année 2021 que les deux partenaires se partagent à parts égales. Ces 13 milliards de dollars remettent instantanément à flot les comptes de BioNTech, qui vivait dans le rouge depuis ses débuts. Alors que jusque-là elle n'avait fait que des pertes, elle réalise un bénéfice de 1,13 milliard d'euros pour le seul premier trimestre 2020, avec un chiffre d'affaires de 2,1 milliards d'euros. En plus, elle hérite de la crise pandémique ce qui lui manquait : des usines.

À Marbourg, au nord de Francfort, elle a racheté à Novartis la Behringwerke, érigée en 1904 par Emil von Behring avec l'argent de son prix Nobel de médecine (le premier) pour ses travaux sur la diphtérie et le tétanos. Le prix de la transaction avec le groupe suisse n'a pas été dévoilé mais, l'annonce ayant été faite quelques jours après que BioNTech a reçu une subvention de 375 millions d'euros du gouvernement allemand, on peut supposer que les risques de ce rachat ont été minimisés. Opérationnel depuis le 10 février 2021, ce site qui emploie 300 personnes peut produire 750 millions de doses de vaccins par an. Et l'entreprise a annoncé son intention de construire d'ici à 2023 une usine de production d'ARN messager à Singapour et une autre en Chine avec son partenaire local Fosun.

Des développements heureux pour BioNTech : en effet, avec Pfizer, la lune de miel semble terminée. Dans une interview au *Wall Street Journal* du 23 mars 2021, Albert Bourla déclarait en effet : « Nous aimons travailler avec BioNTech, mais nous n'avons pas besoin de travailler avec BioNTech. Nous avons développé notre propre expertise. » Pfizer, qui n'avait jusqu'alors que deux vaccins, trois avec celui contre le Covid, a décidé de se renforcer tout seule dans ce domaine.

Une déclaration anodine ?

Dans le monde policé de l'industrie pharmaceutique, la déclaration d'Albert Bourla n'est pas une simple rupture des bans. C'est un Scud. Mais ce missile est aussi révélateur de l'avenir. Certes, la croissance de Pfizer dans d'autres vaccins à base d'ARN messager va réduire la dépendance du groupe à l'égard de ses médicaments principalement anticancéreux : un quart de ses ventes et le tiers des candidats médicaments dans son pipeline de développement.

Toutefois, les médicaments anticancéreux de Pfizer appartiennent à l'ère de la deuxième révolution médicale, celle des protéines recombinantes produites par génie génétique en cultures cellulaires. Or l'ARN ouvre une troisième révolution médicale, dans le domaine du cancer, pour commencer. Au lieu que les protéines soient cultivées dans des cultures de cellules génétiquement modifiées, elles sont directement exprimées dans les cellules du patient, *via* des ARN messagers qui vont apprendre au système immunitaire à attaquer les cellules cancéreuses. Or, dans ce domaine des vaccins anticancers, BioNTech a une dizaine d'années d'avance sur Pfizer comme sur à peu près tout le monde.

Ugur Sahin et Özlem Türeci : médecins avant tout

Bien sûr, pour développer le vaccin contre le coronavirus, BioNTech a mis en pause ses recherches sur le cancer. Une décision difficile : il a fallu tout le poids d'Ugur Sahin pour convaincre son conseil d'administration, qui doutait de ce changement de stratégie, tout comme ceux de CureVac et de Moderna. Mais BioNTech n'a pas changé de cap : guérir le cancer. Ugur Sahin a été très clair sur ce sujet dans de multiples interviews. La manne apportée par le vaccin va lui permettre dès cette année d'investir jusqu'à 850 millions d'euros dans ces recherches. C'est l'équivalent en un an de la moitié de ce qu'elle avait investi au cours des douze dernières années. Pour comprendre cette obsession d'Ugur Sahin et d'Özlem Türeci pour l'ARN messager contre le cancer, il faut revenir en arrière.

Ugur Sahin est né à Iskenderun (Alexandrette), sur la côte méditerranéenne de la Turquie, en 1965. Il a déménagé en Allemagne quatre ans plus tard lorsque son père a été recruté pour travailler dans une usine Ford, près de Cologne. Le père d'Özlem Türeci, un chirurgien, est venu en Allemagne à la même époque pour travailler dans un hôpital de la petite ville de Lastrup, près de Brême, où elle est née en 1967.

Après ses études de médecine à l'Université de Cologne, Ugur Sahin a suivi son directeur de thèse à l'hôpital universitaire de la Sarre à Hombourg. C'est là qu'Özlem Türeci achevait ses études de médecine. Ils sont tous les deux spécialisés en oncologie. Et ils se désolent en constatant le désarroi et la souffrance des familles des patients pour lesquels il n'y a plus d'options thérapeutiques. Tous ceux qui m'en ont parlé pour avoir collaboré avec eux l'affirment : Ugur Sahin et Özlem Türeci sont avant tout des médecins. « Ce sont des gens incroyablement sincères », appuie Sonja Kastilan, la responsable de la rubrique « Sciences » du *Frankfurter Allgemeine Zeitung*, qui les a interviewés à de multiples reprises.

Un mariage en blouse blanche

Le prix Nobel suisse Rolf Zinkernagel, qui les a accueillis en 2000 et 2001 dans son laboratoire de l'hôpital universitaire de Zurich, précise aussi dans une interview au *NZZ* : « C'est un scientifique innovant, et elle est une clinicienne extraordinaire qui a un grand sens de la gestion d'entreprise. » Pour les patients cancéreux qui n'ont plus d'options, Ugur Sahin et Özlem Türeci ont fait émerger un espoir. Lui s'est spécialisé à cette époque dans l'identification des antigènes du cancer, elle dans l'immunothérapie. Et lorsqu'ils rejoignent, en 2002, l'Université Johannes-Gutenberg de Mayence à l'invitation du chef du département d'hématologie et d'oncologie, ces deux domaines très proches s'apprêtent à prendre leur envol. Ils vont y participer corps et âme. Au point qu'ils ne s'arrêteront que le temps d'une pause déjeuner en 2002 pour se marier avant de remettre leur blouse blanche.

Ces spécialisations d'Ugur Sahin et d'Özlem Türeci, rapidement nommés professeurs à Mayence, sont essentielles pour comprendre la suite. Le cancer est une maladie du génome. Il trouve son origine dans des mutations de l'ADN à la suite d'erreurs de copie au cours du perpétuel renouvellement de nos cellules. Ces mutations génétiques produisent des ARN messagers naturels, mais qui transportent des informations erronées. Cela aboutit à créer des protéines antigènes (dites néoantigènes) à la surface des cellules cancéreuses.

Ces mutations se produisent sans arrêt, toute notre vie. La plupart du temps, ces néoantigènes, qui ne sont pas présents à la surface des cellules normales, sont identifiés par le système immunitaire exactement comme des virus ou des microbes étrangers. Les globules blancs les identifient comme tels et les détruisent, empêchant la tumeur de grandir. Mais ces cellules sont aussi malignes et au gré de l'accumulation de leurs mutations, elles parviennent à créer un petit environnement dans lequel elles deviennent invisibles pour le système immunitaire.

Le temps des anticorps

Le principe de l'immunothérapie qui émerge au début des années 2000 consiste à remplacer ou à compléter les produits chimiques et la radiothérapie qui tuent les cellules cancéreuses en se substituant au système immunitaire ou en le réveillant pour attaquer ces cibles que représentent les néoantigènes*.

Les premières immunothérapies, apparues au milieu des années 1990, misent sur les anticorps monoclonaux. Produits en culture cellulaire, ils imitent les anticorps naturellement produits par le système immunitaire en vue de déclencher une attaque ciblée. Rapidement, il est apparu que ces anticorps peuvent repérer et bloquer la croissance des cellules tumorales. C'est par exemple le cas de l'Herceptin de Roche, commercialisé à partir de 1998. Depuis, plus de 70 anticorps monoclonaux ont été mis sur le marché. Leurs ventes cumulées représentent 125 milliards de dollars par an.

En 2001, Ugur Sahin et Özlem Türeci commencent aussi par suivre cette piste en créant Ganymed Pharmaceuticals. Ils sont appuyés financièrement par les frères jumeaux Andreas et Thomas Strüngmann. Ces deux-là, devenus milliardaires après la vente pour

* Les néoantigènes sont des molécules qui expriment à la surface des cellules tumorales des mutations propres au cancer. Comme les antigènes, ils déclenchent la réponse d'anticorps spécifiques aux seules cellules mutées de la tumeur.

7 milliards de dollars de leur entreprise de médicaments génériques à Novartis, ne cesseront jamais d'appuyer le couple. Avec un certain flair. Ganymed Pharmaceuticals, qui développera en particulier un anticorps monoclonal contre le cancer du pancréas, sera rachetée pour 1,4 milliard de dollars en 2014 par l'entreprise pharmaceutique japonaise Astellas.

Vaccins anticancers

À ce moment-là, cependant, les deux immuno-oncologistes sont déjà passés à autre chose.

Les anticorps monoclonaux ciblent un antigène (parfois deux, on parle alors d'anticorps bispécifiques). Or, sur les cellules cancéreuses, ces néoantigènes se comptent par dizaines, voire par centaines. Qui plus est, 95 % des mutations d'un patient ne se retrouvent pas chez un autre pour une même forme de cancer. L'idéal serait de pouvoir personnaliser les traitements pour chaque patient.

C'est ce constat qui va conduire à la création de BioNTech en 2008, toujours avec l'appui des frères Strüngmann. Dans une interview au *Frankfurter Allgemeine Zeitung*, Ugur Sahin déclare ainsi : « J'ai cherché à savoir quelles structures le système immunitaire peut réellement reconnaître sur les cellules cancéreuses. Depuis le milieu des années 1990, il est possible de décomposer de plus en plus efficacement ces antigènes tumoraux. » Les premières années de BioNTech vont être consacrées à la mise en place d'une plateforme de séquençage à haute fréquence bio-informatique, à même d'établir la carte des mutations génétiques des cancers de chaque patient. Cette carte, qu'Ugur Sahin appelle le « mutanome », est celle des cibles que le système immunitaire va apprendre à identifier avec des vaccins à ARN messager.

Au départ, Ugur Sahin a évalué toutes les technologies vaccinales possibles (ADN, peptides, etc.) avant d'aboutir à la conclusion que des combinaisons d'ARN messager sont plus efficaces pour produire non pas une, mais plusieurs sortes de ces néoantigènes qui, exactement comme les protéines Spike, servent d'avis de recherche pour le système immunitaire. Sauf que là, on n'a pas le portrait d'un Billy the Kid au-dessus de la mention « wanted », mais plutôt de toute une bande de Dalton.

Fixvac, la principale plateforme technologique de BioNTech, développe ainsi des ARN messagers afin de produire des néoantigènes tumoraux à partir des données (des mutanomes) de chaque patient. Ces vaccins sont livrés directement dans des cellules dites dendritiques, qui jouent un rôle précurseur dans la mise en place de l'immunité.

Ugur Sahin et Özlem Türeci devront cependant attendre 2017 pour obtenir la première preuve clinique de l'efficacité d'un tel vaccin à ARN messager contre le cancer. Treize patients à un stade avancé de mélanome ont alors reçu dans leurs ganglions lymphatiques un cocktail d'ARN messagers individualisés après analyse de leurs mutations respectives – la technologie suppose aussi la sélection des néoantigènes les plus à même de déclencher la réponse immunitaire espérée. Dans le cas de cet essai clinique, cela s'est produit dans la majorité des cas. Depuis, BioNTech est engagée dans onze essais cliniques impliquant 440 patients pour 17 types de cancers différents.

Les nouvelles voies de l'immunothérapie

Mais Ugur Sahin et Özlem Türeci voient encore plus loin. Les progrès récents de l'immunothérapie dessinent d'autres applications possibles de l'ARN messager contre les cancers. Par exemple, le biologiste japonais Tasuku Honjo et l'immunologiste américain James Allison ont montré que face à une cellule cancéreuse, l'action des globules blancs (les lymphocytes T) est ralentie par des sortes de freins moléculaires (on nomme ces freins des *checkpoints*). Cela leur vaudra le prix Nobel de médecine en 2018. Mais avant, cela permettra, au début des années 2010, la mise au point d'un nouveau type d'anticorps qui empêche l'action de ces freins (les inhibiteurs de *checkpoint*). BioNTech tente d'associer des vaccins anticancers à de tels inhibiteurs de *checkpoint*, en partenariat avec Roche. Sans grand succès pour l'instant, pas plus que pour Moderna dans le cadre d'une collaboration avec Merck.

Car BioNTech n'est évidemment pas la seule biotech à suivre cette approche. Historiquement, c'est même son concurrent allemand CureVac qui a mené le premier essai clinique de vaccins à ARN anticancers – sans succès jusqu'à présent*. La piste des vaccins à ARN contre les cancers est testée aujourd'hui dans pas moins de 46 essais cliniques. C'est donc une nouvelle course qui s'ouvre pour la flèche d'argent de Mayence.

La prochaine course

Certes, l'écurie BioNTech bénéficie maintenant de la manne du vaccin anti-Covid. Dans une interview récente au magazine de la recherche européenne *Horizon Europe*, Özlem Türeci évoquait même un délai de deux ans pour l'arrivée sur le marché d'un premier vaccin anticancers. Possible, mais il y a encore des questions ouvertes. Comme celle de savoir si les ARN messagers pourront produire des concentrations d'anticorps au niveau nécessaire pour obtenir l'effet thérapeutique recherché. Ou celle de savoir comment associer vaccins ARN avec d'autres thérapies, comme dans le cas de l'essai mené avec Roche.

Bien sûr, même si le cancer est sa priorité, BioNTech peut aussi choisir de se diversifier. Elle a initié un programme avec l'Université de Pennsylvanie pour le

* *Cf.* chapitre 5.

développement de vaccins contre 10 maladies infectieuses. En début d'année 2021, ses chercheurs ont également esquissé un nouveau champ d'applications pour l'ARN messager, celui des maladies auto-immunes comme la sclérose en plaques. Et il y a encore bien d'autres possibilités : maladies cardiaques, maladies héréditaires...

Sauf que cette expansion du champ d'application thérapeutique de l'ARN au-delà des vaccins ne peut plus compter sur l'effet multiplicateur du système immunitaire. Dès lors que l'on ne peut pas compter sur la mémoire immunitaire, les doses nécessaires risquent d'être beaucoup plus importantes. Pour produire suffisamment de protéines avec des ARN messagers pour des maladies liées à un manque ou une malformation des protéines naturelles, de multiples injections seront sans doute nécessaires. Or, même avec les vaccins anti-Covid, on a constaté quelques cas rares (mais surprenants) d'expression d'ARN dans des endroits inattendus, comme les cellules cardiaques, y provoquant des inflammations. Pas question, avec des doses plus importantes ou régulières, d'aboutir à des guidages hors cible des ARN.

Le dosage et le transport ciblé des ARN, voilà le grand défi des prochaines années. Les clés de la troisième révolution médicale.

CHAPITRE 9

Lipides : le beurre et l'argent du beurre de la troisième révolution médicale

Pour l'ARN messager, le vaccin anti-Covid n'est qu'une première étape. De nombreuses autres maladies, du cancer à la mucoviscidose, pourraient être soignées grâce à cette technologie. À une condition : il faut trouver un moyen de transport, afin que l'ARN puisse entrer dans les cellules. Le manteau de lipides utilisé pour les vaccins ne fonctionnera pas pour tous les cas de figure. Les recherches s'orientent vers d'autres matières grasses et d'autres moyens de transports qui seront la clé de nouvelles thérapies. Entretiens avec les chercheurs en pointe dans ce domaine, dont le Canadien Pieter Cullis ou Melissa Moore, la directrice scientifique de Moderna. Conclusion : la décennie à venir sera passionnante.

L'une des pistes possibles du futur des thérapies basées sur les ARN a une source inattendue : les sommets à plus de 5 000 mètres du Ruwenzori, au cœur de la jungle africaine. La rivière Semliki qui descend de ces montagnes pour alimenter le Nil blanc à partir du lac Albert, en Ouganda, traverse des forêts où pullulent les moustiques.

C'est là qu'en 1944, des chercheurs de l'Uganda Virus Research Institute ont isolé un virus qui allait devenir l'un des modèles de la recherche en virologie. Et en même temps l'origine de la découverte de l'ARN autorépliquant, une technologie utilisée aujourd'hui par l'Imperial College à Londres et la biotech Arcturus en Californie pour créer des vaccins anti-Covid concurrents de ceux de Moderna, BioNTech ou CureVac. Il s'agit d'une technologie très proche de celle de l'ARN messager, mais dont l'histoire illustre les grands enjeux au cœur de la troisième révolution médicale qu'a ouvert le succès des vaccins à ARN.

Du Nil à Stockholm

À la fin des années 1980, les recherches sur le virus de Semliki ont sauté de l'Afrique à la Scandinavie. Peter Liljeström est alors professeur associé au Centre des sciences de la vie du prestigieux Institut Karolinska à Stockholm, celui-là même qui décerne le prix Nobel de physiologie chaque année. L'époque est aux recherches sur les vecteurs viraux, des virus qu'on a vidés de leur matériel moléculaire naturel pour utiliser leur capacité à transporter des séquences d'ADN ou d'ARN de synthèse. Peter Liljeström cherche à utiliser l'enveloppe du virus de Semliki pour transporter des acides nucléiques, les quatre bases des ARN et des ADN.

Il faut dire que cet alphavirus africain a des caractéristiques surprenantes. D'abord son enveloppe est chargée positivement, si bien qu'il compense l'effet de répulsion entre les ADN et les ARN et la membrane des cellules chargés négativement. Surtout, c'est un virus à ARN qui dispose d'un mécanisme très particulier : il s'autoréplique massivement une fois qu'il est entré dans la cellule. Un ARN messager doté d'un superpouvoir, donc. Il copie des milliers de fois son message et produit par conséquent des milliers de protéines. « En 1990, j'ai réalisé que si je pouvais utiliser ce mécanisme pour introduire du matériel biologique dans les cellules et produire des protéines antigènes, alors j'aurais un vaccin », explique, enthousiaste, Peter Liljeström lors d'un entretien en visioconférence depuis son bureau du Karolinska à Stockholm.

Un procédé dix fois moins cher

Il commence par tester ce concept avec un ARN autorépliquant codant des protéines caractéristiques de la grippe dans des cultures cellulaires. C'est l'occasion de découvertes importantes. « Le mécanisme de réplication fait qu'à partir d'un seul ARN qui entre dans la cellule, vous avez rapidement au moins 50 000 copies.

Cela signifie que vous augmentez considérablement et durablement vos chances de produire les protéines nécessaires à un vaccin. Et que vous aurez besoin d'une dose beaucoup plus faible à injecter au départ, avec par conséquent moins de risque d'effets secondaires. En outre, après quelques jours, ces ARN autorépliquants entraînent la mort de la cellule [par apoptose, un phénomène naturel qui équilibre la création de nouvelles cellules dans nos tissus qui se régénèrent en permanence]. Si bien que leurs débris sont pleins de ces antigènes qui vont aussi favoriser la réponse immunitaire », détaille-t-il avec un goût évident à partager ces subtilités du vivant.

Il a raison. Dans toutes les comparaisons effectuées sur des cultures cellulaires et des animaux, les prototypes de vaccins à ARN autorépliquant ont induit des réponses immunitaires encore plus fortes que celles des vaccins à ARN messager ou à ADN. Mais Peter Liljeström leur voit aussi un autre atout. Il estime qu'un vaccin à ARN autorépliquant aurait besoin d'une dose dix fois plus petite que celles des vaccins à ARN messager existants. « Cela signifie qu'il faut en produire dix fois moins et que c'est donc dix fois moins cher. »

Cependant, comme l'enfer, la recherche en biologie moléculaire est pavée de bonnes intentions. Pendant des années, le professeur suédois s'est heurté à plusieurs difficultés.

D'abord, l'ARN autorépliquant est nettement plus grand que l'ARN messager. Pour pouvoir se répliquer, il contient une structure supplémentaire (appelée réplicase).

Si cela le rend plus résistant à l'attaque des chiens de garde destinés à dégrader l'ARN comme les ribonucléases, en contrepartie, il est plus difficile de l'encapsuler dans des liposomes, ces petites vésicules de lipides qui servent aujourd'hui à transporter l'ARN des vaccins anti-Covid.

Au début des années 1990, Peter Liljeström contourne ce problème en se servant de l'enveloppe de son alphavirus pour transporter des ARN autorépliquants codant les protéines antigènes de la grippe. Cela marche en laboratoire et il publie en 1994 la première démonstration d'une transfection d'ARN autorépliquant dans des cellules de culture. Il teste ensuite la technologie sur toutes sortes d'animaux, souris, cochons, singes, etc. Puis, il l'essaie contre différents virus comme l'hépatite C, le VIH, Ebola… « Cela marchait bien dans les modèles animaux mais personne ne me croyait quand je présentais ces résultats à des entreprises pharmaceutiques ou de biotechnologies », poursuit-il.

C'est que même la communauté scientifique est sceptique au départ. En 1993, il avait dévoilé ses premiers résultats lors de la prestigieuse conférence du Cold Spring Harbour Laboratory, la Mecque de la biologie moléculaire à Long Island. Mais là, l'intérêt s'était concentré sur le développement du vaccin à ADN et non pas à ARN de Vical et Merck*. Ses travaux passent inaperçus. « Pendant des années j'étais souvent seul à présenter des résultats sur des vaccins expérimentaux

---

* *Cf.* chapitre 2.

à ARN autorépliquant. On nous opposait toujours le problème de la production industrielle. » À ce point de notre récit, vous connaissez la chanson...

Reste que la seconde difficulté de l'approche initiale de Peter Liljeström est bien réelle. Le vecteur viral qu'il utilise pour transporter les ARN autorépliquants ressemble à s'y méprendre à un virus à ARN naturel. *In vivo*, cela déclenche une forte réponse immunitaire qui détruit le vecteur et sa cargaison d'ARN. Dans les années 1990, Peter Liljeström tente une autre approche avec l'électroporation, une petite impulsion électrique qui facilite l'entrée des ARN injectés sous la peau dans les cellules. « Cela marchait bien en laboratoire, mais il n'était pas envisageable d'utiliser une telle technologie pour des campagnes de vaccination », regrette-t-il.

Le sésame des lipides

Comme Drew Weissman et Kati Karikó (voir chapitre 4), comme Moderna, CureVac et BioNTech et comme tous les chercheurs engagés sur la piste des thérapies à base d'ARN, Peter Liljeström va devoir attendre la mise au point de moyens de transport non viraux efficaces dans les années 2000 pour voir les développements de thérapies basées sur l'ARN autorépliquant relancés. Ces moyens de transport ce sont les nanoparticules de lipides (appelées aussi liposomes ou LNP en anglais), des liposomes améliorés.

Ces petites boules de graisse – du beurre en quelque sorte, enfin un « beurre intelligent » comme on va le voir – protègent les ARN messagers dans les vaccins anti-Covid. Sans elles, pas de vaccins. Et pas non plus de futures thérapies à base d'ARN contre les cancers, les maladies auto-immunes, les maladies héréditaires et autres déficiences liées à l'insuffisance ou à la malformation des protéines indispensables à notre bonne santé. Sans elles, les promesses de l'ARN messager ne se matérialiseront pas au-delà des vaccins.

La biologie n'est plus le défi, c'est la chimie

« Le défi central, ce n'est plus la biologie. C'est le transport des ARN et en particulier la capacité de viser un type de cellule spécifique », affirme ainsi Dan Anderson devant l'image du MIT qui décore notre séance de visioconférence. Star du *delivery* – les technologies de transports de la partie active des médicaments –, Dan Anderson est professeur de bio-ingénierie dans la prestigieuse école d'ingénieurs du Massachusetts.

Résumons sa pensée. Les nanoparticules de lipides ont bien marché pour les vaccins. Mais il reste à trouver d'autres lipides, d'autres « beurres intelligents », pour les autres applications médicales. Un enjeu qui fait déjà saliver les capital-risqueurs. Et qui annonce des batailles à coups de milliards si l'on se réfère au passé.

Pour envisager ce futur qui, comme le dit Dan Anderson, « va nous occuper pendant les dix prochaines années », il faut en effet savoir d'où vient cette technologie. Comprendre comment le « beurre » qui enrobe les ARN est devenu intelligent. Ce passé est dominé par une figure centrale. Vous n'en avez sans doute jamais entendu parler, mais son invention est déjà dans votre corps si vous avez reçu un vaccin à ARN messager. Cette figure, c'est celle de Pieter Cullis.

Ce biochimiste de l'Université de Colombie-Britannique avait fourni à Drew Weissman ses premières nanoparticules de lipides après sept ans d'attente*. C'est lui aussi qui est à l'origine d'Acuitas, l'entreprise canadienne qui fournit les liposomes des vaccins de BioNTech comme de CureVac. Lui qui a réalisé une prouesse de bio-ingénierie pour rendre ces lipides capables de livrer un maximum d'ARN dans les cellules tout en minimisant les risques de toxicité.

Une trouvaille électrisante

Depuis Vancouver et un *home office* qui évoque davantage une chambre d'étudiant que le bureau d'une sommité de la science, Pieter Cullis nous raconte cette histoire extraordinaire. « Cela a commencé dès les années 1980 parce que je me suis lancé dans l'étude des

* *Cf.* chapitre 4.

quelque 1 000 lipides différents que l'on retrouve dans les membranes des cellules », explique-t-il. C'est ce qui l'amène d'abord à sélectionner certains de ces lipides pour servir de moyens de transport pour de petites molécules chimiques, principalement contre les cancers, dans les années 1980 et 1990. Au passage, il est aussi à l'origine de la technologie d'extrusion qui permet la fabrication des liposomes. Et d'une ribambelle d'entreprises pour exploiter ses inventions.

La première, c'est la Canadian Liposome Company qu'il fonde en 1987 et dirige jusqu'en 1991. Mais la plus significative pour notre histoire, c'est Inex Pharmaceuticals, qu'il crée au milieu des années 1990. C'est en effet cette entreprise qui va développer les premières nanoparticules de lipides utilisées pour des ARN. « Nous venions du cancer, mais à ce moment-là, pour lever de l'argent, les investisseurs ne juraient que par les thérapies géniques », explique Pieter Cullis avec le regard malicieux de ceux qui savent comment fonctionne ce monde aux frontières de la science et de la finance.

« Les liposomes chargés positivement, comme ceux qu'avait développés Phil Felgner chez Syntex*, ont un problème de toxicité, poursuit le chercheur canadien. C'est assez simple à comprendre [c'est lui qui le dit… mais vous allez voir, c'est vrai]. Dans nos organismes, il n'y a pas de lipides positifs. Ils sont tous soit neutres, soit négatifs. Par conséquent, même si les lipides positifs

* *Cf.* chapitre 1.

de Felgner se fixaient comme des aimants aux ARN puis à la membrane négative des cellules, ils ont aussi un effet délétère. Ils font perdre leur imperméabilité aux cellules. »

Parce qu'il a une formation de physicien, Pieter Cullis va aborder ce problème de charge (plus, moins) avec une trouvaille incroyable : des lipides ionisables. Leur charge électrique change en fonction du niveau d'acidité du milieu dans lequel ils évoluent. Quand l'acidité est faible (au-dessus d'un pH d'environ 7), comme c'est le cas dans le sérum et le plasma entre les cellules après une injection, ces lipides sont neutres et par conséquent sans risque de toxicité. Par contre, quand ils se fixent aux portes d'entrée des cellules (appelées endosomes), l'augmentation de l'acidité de ce milieu les rend négatifs. Cela facilite leur ancrage et l'entrée du code des ARN dans les cellules.

Avec un flegme un rien britannique sans doute conservé de ses années d'études à Oxford, Pieter Cullis me donne même la recette. « Dans les vaccins ARN comme celui de BioNTech, vous trouvez environ 50 % de ces lipides ionisables. Le reste, ce sont trois autres lipides (36 % de cholestérol, 10 % de DSPC et 4 % de PEG, si vous voulez essayer dans votre cuisine) qui servent principalement à donner aux liposomes leur structure. »

Le rôle clé des ARN interférents

Tout comme l'ARN messager, qu'elle complète en quelque sorte, cette invention fondamentale a eu une histoire animée. Elle est émaillée de procès qui annoncent sans doute la férocité de la compétition qui s'ouvre pour développer de nouveaux « beurres intelligents ». Et pour livrer des ARN messagers dans les cellules pour d'autres applications médicales que les vaccins.

Ce chahut, dont le souvenir fait lever les yeux au ciel à Pieter Cullis (comme ceux de tous les autres interlocuteurs qui m'en ont parlé), commence au début des années 2000. La société qu'il a créée dans les années 1990, Inex Pharmaceuticals, démarre alors une collaboration avec Alnylam. Cette biotech de la région de Boston cherche à cette époque un moyen d'amener un type d'ARN différent et même pour ainsi dire contraire aux ARN messagers : l'ARN interférent.

Découverts en 1998 par Andrew Fire et Craig Mello, qui obtiendront le Nobel en 2006 pour cela, les ARN interférents régulent l'expression des ARN messagers qui sont naturellement exprimés par le génome dans presque toutes les cellules humaines (nous avons tout le temps besoin de nouvelles protéines). Alors que les ARN messagers (et autorépliquants) produisent ces protéines, ces ARNi peuvent en bloquer au contraire la fabrication.

Il s'agit d'empêcher que des ARN messagers naturels mais venus de gènes défectueux ne produisent des protéines malformées ou indésirables, causes de maladies. Comme l'explique le CEO d'Alnylam, John Maraganore, au cours d'une visioconférence : « Dans le monde de l'ARN, l'ARN messager et l'ARN interférent, c'est le yin et le yang. L'un exprime l'information génétique, l'autre la bloque. Mais dans les deux cas l'avantage c'est que vous n'avez pas besoin d'intervenir dans le saint des saints en touchant à l'ADN, avec les risques d'intégration de matériel génétique étranger que cela suppose. »

Dans les années 2000, cette capacité à inhiber la production de protéines apparaît comme la voie d'un nouveau type de thérapie génique. D'autant plus que le décès d'un jeune homme de 18 ans, Jesse Gelsinger, en septembre 1999, dans le cadre d'un essai clinique de thérapie à base d'ADN mené par l'Université de Pennsylvanie, a refroidi les projets touchant au génome même. Plutôt que d'essayer de réparer des gènes défectueux dans l'ADN, pourquoi ne pas se contenter de bloquer la fabrication des protéines toxiques qu'ils initient avec les interférents ? Pourquoi ne pas réduire au silence le mécanisme intermédiaire des ARN messagers naturels mais défaillants sans avoir à entrer dans le « saint des saints » des cellules : leur noyau ?

Cette perspective déclenche une ruée vers l'or. Pour les entreprises pharmaceutiques, le potentiel et la polyvalence des ARN interférents apparaissent irrésistibles. Elles collaborent avec les nombreuses start-up qui se spécialisent dans ce domaine. Mais les résultats cliniques seront, à une exception près, décevants. Les Pharma abandonneront tout aussi vite, au début des années 2010. Entre-temps, elles auront investi des milliards. Cela va faciliter les progrès des nanoparticules de lipides inventées par Pieter Cullis. Et en particulier lui permettre de créer en 2005 une nouvelle entreprise : Tekmira, spin-off d'Inex. Le chercheur ignore que cela va aussi l'entraîner dans une épique bataille légale autour des brevets. Parce que son « beurre intelligent » vaut beaucoup d'argent, désormais.

Batailles de brevets

En 2008, Tekmira fusionne avec une concurrente, Protiva. Elle va conserver provisoirement son nom (avant d'en changer pour devenir Arbutus). Mais comme le dit pudiquement Pieter Cullis : « La relation n'était pas bonne. » C'est le moins qu'on puisse dire. L'équipe de Tekmira, largement composée d'anciens élèves du professeur de l'Université de Colombie-Britannique, est débarquée à peine le mariage consommé.

Néanmoins, Tekmira poursuivra sa collaboration avec Alnylam jusqu'en 2011. Cela aboutira malgré tout à un procès entre les deux partenaires autour de la question de la propriété intellectuelle des nanoparticules de lipides. Et plus tard à une autre bataille légale, contre Moderna cette fois.

Il faut dire que les enjeux sont considérables. *In fine*, la collaboration entre Tekmira et Alnylam débouche sur la première approbation d'une thérapie basée sur l'ARN (interférent donc, pas encore messager). En 2018, l'agence américaine du médicament autorise l'Onpattro d'Alnylam. Cette thérapie se sert des ARN interférents pour lutter contre une mutation héréditaire dans des cellules du foie. Elle entraîne la malformation d'une protéine qui se retrouve dans le liquide cérébro-spinal et aboutit à des lésions nerveuses. La maladie est rare (l'ATTR, amyloïdose héréditaire à transthyrétine) mais généralement fatale.

Pas rancunier, Pieter Cullis souligne aussi autre chose de fondamental : « C'était la première démonstration clinique des nanoparticules de lipides. » « Une base essentielle pour l'approbation en urgence des vaccins à ARN messagers deux ans plus tard », confirme John Maraganore. « Les nanoparticules de lipides utilisées dans le vaccin anti-Covid de Pfizer-BioNTech [et celui de CureVac] sont très voisines de celles de l'Onpattro », révèle Pieter Cullis.

Le chercheur canadien est particulièrement bien informé, parce que ces nanoparticules, ce sont celles développées par une autre entreprise qu'il a lui-même fondée, avec ses collaborateurs débarqués par Tekmira : Acuitas. Créée en 2009, toujours à Vancouver, Acuitas est rapidement passée de l'encapsulation des ARN interférents à celle des ARN messagers. Et au travers de sa collaboration avec Drew Weissman, elle est entrée en relation avec BioNTech et Pfizer quand ils ont démarré leur recherche sur la grippe en 2018.

L'âpreté du combat sur les brevets (près d'une dizaine de procès) et les secrets technologiques qui entourent encore les nanoparticules de lipides de Pieter Cullis disent aussi quelque chose de ce qui se prépare. Maintenant que l'ARN messager sort du champ des vaccins prophylactiques pour inonder l'ensemble des thérapies, ces vecteurs deviennent le nerf de la guerre. Parce que, comme le relève Pieter Cullis en fixant la caméra de son PC : « Après les petites molécules chimiques, les médicaments biologiques, les thérapies à base d'acides nucléiques ouvrent la troisième révolution médicale. En théorie, avec l'ARN messager, vous pouvez traiter toutes les maladies. »

En théorie ! Parce qu'en pratique tous mes interlocuteurs sont d'accord : la question pour les futures applications c'est encore la *delivery*, le transport des ARN. Ou le « beurre », si vous préférez.

La quête des formules magiques

Les nanoparticules de lipides efficaces pour les vaccins ou pour atteindre le foie comme dans le cas de l'Onpattro ne le sont, en effet, pas forcément ou plus du tout pour d'autres thérapies. « On en est au début », assène Robert Langer le professeur, champion de la *drug delivery* au MIT avec ses 1 400 brevets et la création de plus de 30 start-up, dont Moderna, comme on l'a vu (voir chapitre 6). Le bio-ingénieur qui a testé des milliers de lipides explique : « Les défis qui restent sont le ciblage de cellules spécifiques mais aussi la stabilité, la toxicité, la dégradabilité, la production industrielle et la durée de conservation. »

Comme rien ne vaut un bon exemple, je vous invite à prendre conscience de ces défis avec Frank DeRosa, le *chief technology officer* de Translate Bio. Cette biotech de Boston formée à partir d'une filiale détachée du groupe pharmaceutique Shire en 2017 – encore un géant pharmaceutique qui a abandonné l'ARN messager ! – développe un vaccin à ARN messager contre le Covid avec Sanofi. Mais ce qui nous intéresse ici, c'est le programme central des recherches de Translate Bio : une thérapie – pas un vaccin, donc – contre la mucoviscidose. Parce que là, il ne s'agit plus de donner 60 ou 200 microgrammes en deux doses à un patient comme avec un vaccin Pfizer ou Moderna, mais mille fois plus. Et qui plus est, chaque semaine et sans doute pour le restant de ses jours.

« Le défi de l'ARN messager pour des thérapies est à une tout autre échelle que celui des vaccins, commence par expliquer Frank DeRosa depuis une salle de conférences impersonnelle de l'entreprise. Avec un vaccin, vous bénéficiez de l'effet amplificateur du système immunitaire. Avec des ARN messagers destinés à suppléer une protéine manquante ou mal formée, il faut pouvoir redoser régulièrement », poursuit-il en s'animant.

Un problème de quantité

Dans le cas de la mucoviscidose, l'échelle est gigantesque. Si on l'aplatit, un peu comme la Suisse avec ses montagnes, la surface totale d'un poumon humain est beaucoup plus grande qu'il n'y paraît. Il a la taille d'un court de tennis. « Qui plus est, il y a quelque chose comme 2 000 mutations différentes du gène (CFTR) qui provoque cette maladie aboutissant à une diminution de l'eau excrétée par les muqueuses et un épaississement du mucus qui peut être fatal, précise Frank DeRosa. Et comme ces cellules de muqueuses se renouvellent, le gène défectueux revient sans cesse. » Deux problèmes sur lesquels ont buté les thérapies de correction des gènes à base d'ADN depuis toutes ces années que des téléthons les financent.

Étant donné que c'est le défaut d'une protéine qui entraîne l'épaississement du mucus, Frank DeRosa a commencé il y a plus de dix ans, chez Shire, à étudier la possibilité d'amener des ARN messagers codant la bonne protéine dans les poumons. « L'un des principaux défis a été de parvenir à produire ces ARN messagers à l'échelle des poumons, de l'ordre d'un demi-kilo par lot, en se débarrassant des impuretés qui génèrent des inflammations, explique-t-il avec un sourire qui annonce un peu de fierté pour la suite. Ensuite, nous avons développé une formule lipidique qui est non seulement bien tolérée, mais qui peut être nébulisée afin d'être amenée dans les poumons par aérosol. »

Quels lipides ? Frank DeRosa botte en touche. Secret défense, sans doute. Translate Bio teste actuellement dans un essai de phase I/II cette thérapie qui aurait l'avantage de s'appliquer à tous les patients atteints de mucoviscidose, quelles que soient les mutations du gène CFTR qui ont provoqué leur maladie.

La même logique pourrait s'appliquer à d'autres maladies chroniques. D'autant plus que l'énorme avantage de la production industrielle d'ARN que nous avons vu avec Moderna et BioNTech est qu'une même usine peut en produire de différents types pour différentes indications en adaptant sa production en quelques semaines. Sauf qu'à chaque fois la question du transport des ARN, qu'ils soient messagers, interférents ou autorépliquants, revient comme un spectre.

Dans le cas des vaccins prophylactiques, c'est le plus simple : petite dose, grands effets grâce à l'effet amplificateur du système immunitaire. Et peut-être bientôt microdoses (moins de 1 microgramme) avec l'ARN autorépliquant. Du coup, moins de risques que les nanoparticules de lipides s'accumulent dans l'organisme et provoquent des effets secondaires néfastes. À Stockholm, Peter Liljeström a ainsi développé une plateforme vaccinale qui lance la production d'ARN autorépliquant pour augmenter la production d'antigènes contre des virus comme le VIH, Ebola, le chikungunya et récemment le coronavirus.

Le défi du ciblage

Souvenez-vous d'Andrew Geall, le chercheur qui avait développé un vaccin contre la grippe aviaire chez Novartis en 2013*. C'était de l'ARN autorépliquant. Andrew Geall est aujourd'hui directeur scientifique de Precision NanoSystems à Vancouver (encore une boîte fondée par Pieter Cullis...). Il collabore avec des chercheurs de l'Université Yale pour la mise au point d'un vaccin à base d'ARN autorépliquant susceptible d'installer la mémoire immunitaire pour éviter les réinfections fréquentes dans le cas de la malaria.

Andrew Geall vient aussi de cofonder Replicate Biosciences à San Diego pour utiliser la capacité des ARN autorépliquants à se multiplier et à produire de grandes quantités d'antigènes de nature à renforcer la capacité du système immunitaire contre les cancers. « L'idée, c'est de détruire les cellules cancéreuses devenues résistantes aux médicaments classiques, explique-t-il depuis sa cuisine [c'est l'heure du petit déjeuner à San Diego]. On estime que 90 % des décès liés au cancer sont dus à la résistance aux médicaments causée par l'évolution des tumeurs. Nous créons de nouveaux traitements pour prévenir et inverser cette résistance. »

Mais Andrew Geall en convient volontiers, la question est toujours la même, quel que soit le type d'ARN :

---

* *Cf.* chapitre 7.

comment les amener dans les bonnes cellules ? Atteindre le foie *via* le sang après une intraveineuse comme dans le cas d'Alnylam avec ses ARN interférents, ou les poumons avec ses ARN messagers sous forme d'aérosols comme Translate Bio, est suffisamment direct pour qu'ils ne se perdent pas en route. Mais pour d'autres organes, et surtout pour cibler les bonnes cellules à l'intérieur, cela devient plus difficile.

Pour les cancers, la voie du système immunitaire est efficace puisqu'elle s'appuie sur des anticorps et des globules blancs qui ont appris à reconnaître les cellules à éliminer. L'approche est systémique. Mais cela se complique si l'on veut amener des ARN dans des cellules cancéreuses précises et pas chez leurs voisines. « Les méthodes de ciblage actuelles ne sont pas encore très efficaces, analyse Pieter Cullis. Cela reste très difficile de leur ajouter des molécules qui pourraient les guider comme des anticorps monoclonaux ou des ligands [des molécules qui se lient naturellement à certains récepteurs]. Leur durée de vie est courte, si bien qu'ils ratent leurs cibles. » À entendre Frank DeRosa, c'est encore plus difficile dans le cas d'organes comme les reins, le cœur, la moelle osseuse ou le cerveau. « Surtout si en plus vous voulez viser un type de cellules bien précises à l'intérieur de ces organes. »

Cela ne décourage pourtant pas les bio-ingénieurs comme Robert Langer. « Rendre une nanoparticule spécifique à un type de cellules signifie d'abord identifier sur celles-ci des récepteurs pour ajouter la bonne tête chercheuse qui va guider les ARN et leurs vecteurs vers leurs cibles. Il y a plusieurs manières de le faire. Nous-mêmes avons par exemple développé des ligands spécifiques à des cellules endothéliales [à la surface des vaisseaux]. »

Interrupteur moléculaire

Moderna explore une voie particulièrement inventive dans un essai de phase II avec AstraZeneca pour corriger une insuffisance du cœur en produisant une protéine qui augmente l'oxygénation du muscle cardiaque. La directrice scientifique de l'entreprise, Melissa Moore, ne boude pas son plaisir à l'expliquer. « Nous avons ajouté un micro-ARN [je sais, encore une nouvelle variété...] dans la séquence de cet ARN messager. Il agit comme un interrupteur afin d'empêcher l'expression de l'ARN messager s'il n'est pas dans le bon type de cellule. »

C'est ce genre d'inventivité qui va trier les vainqueurs dans les dix ans qui viennent. Les protéines font à peu près tout dans notre corps. Elles donnent leurs structures à nos cellules, s'échangent des messages, régulent les fonctions de nos organes, assurent notre croissance, nous défendent, nous oxygènent... D'une certaine manière, les protéines, c'est nous ! Pouvoir les produire à la demande ou corriger celles qui sont défectueuses avec des ARN ouvre un champ thérapeutique quasiment sans limite.

C'est la promesse de traitements personnalisés pour des cancers qui sont spécifiques à chaque patient, celle de régénérer des organes devenus défaillants ou d'étendre le principe préventif des vaccins pour nous protéger bien au-delà des seuls virus et autres microbes.

Il faudra bien sûr encore de longs essais cliniques et trouver de nouveaux « beurres intelligents » pour voir le potentiel de ces thérapies se concrétiser. Les investisseurs et les entrepreneurs sont déjà dans les starting-blocks. Il y aura naturellement des déceptions.

Ce qui est certain, par contre, c'est qu'en sautant l'étape de l'ADN, les outsiders de l'ARN sont désormais au centre de la biologie moléculaire. Et qu'il ne faudra pas attendre trente ans cette fois. Les deux phrases que mes interlocuteurs ont le plus souvent prononcées au cours de mon enquête sont :

– le Covid a entraîné une accélération vertigineuse du domaine ;
– les dix prochaines années vont être incroyablement excitantes.

On en reparlera, promis.

Bibliographie

CHAPITRE 1

Robert Malone, Philip Felgner, Inder Verma, « Cationic liposome-mediated RNA transfection », *Proceedings of the National Academy of Sciences*, août 1989.

Philip Felgner, Thomas Gadek, Marilyn Holm, Rex Roman, Hardy Chan, Michael Wenz, Jeffrey Northrop, Gordon Ringold, Mark Danielsen, « Lipofection : A highly efficient, lipid-mediated DNA-transfection procedure », *Proceedings of the National Academy of Sciences*, novembre 1987.

CHAPITRE 2

Jon A. Wolff, Robert Malone, Phillip Williams, Wang Chong, Gyula Acsadi, Agnes Jani, Philip Felgner, « Direct gene transfer into mouse muscle *in vivo* », *Science*, mars 1990.

CHAPITRE 3

De-Chu Tang, Michael DeVit, Stephen A. Johnston, « Genetic immunization is a simple method for eliciting an immune response », *Nature*, mars 1992.

Frédéric Martinon, Sivadasan Krishnan, Gerlinde Lenzen, Rémy Magné, Élisabeth Gomard, Jean-Gérard Guillet, Jean-Paul Lévy, Pierre Meulien, « Induction of virus-specific cytotoxic T lymphocytes *in vivo* by liposome-entrapped mRNA », *European Journal of Immunology*, juillet 1993.

CHAPITRE 4

Katalin Karikó, Michael Buckstein, Houping Ni, Drew Weissman, « Suppression of RNA recognition by Toll-like receptors : The impact of nucleoside modification and the evolutionary origin of RNA », *Immunity*, août 2005.

Gustav Jirikowski, Pietro Sanna, Dominique Maciejewski-Lenoir, Floyd Bloom, « Reversal of diabetes insipidus in Brattleboro rats : Intrahypothalamic injection of vasopressin mRNA », *Science*, février 1992.

Katalin Karikó, Hiromi Muramatsu, Frank Welsh, János Ludwig, Hiroki Kato, Shizuo Akira, Drew Weissman, « Incorporation of pseudouridine into mRNA yields superior nonimmunogenic vector with increased translational capacity and biological stability », *Molecular Therapy*, novembre 2008.

Katalin Karikó, Hiromi Muramatsu, János Ludwig, Drew Weissman, « Generating the optimal mRNA for therapy : HPLC purification eliminates immune activation and improves translation of nucleoside-modified, protein-encoding mRNA », *Nucleic Acids Research*, novembre 2011.

CHAPITRE 5

Ingmar Hoerr, Reinhard Obst, Hans-Georg Rammensee, Günther Jung, « *In vivo* application of RNA leads to induction of specific cytotoxic T lymphocytes and antibodies », *European Journal of Immunology*, août 2000.

Benjamin Weide, Jean-Philippe Carralot, Anne Reese, Birgit Scheel, Thomas Kurt Eigentler, Ingmar Hoerr, Hans-Georg Rammensee, Claus Garbe, Steve Pascolo, « Results of the first phase I/II clinical vaccination trial with direct injection of mRNA », *Journal of Immunotherapy*, février 2008.

CHAPITRE 6

Luigi Warren, Philip Manos, Tim Ahfeldt, Yuin-Han Loh, Hu Li, Frank Lau, Wataru Ebina, Pankaj Mandal, Zachary Smith, Alexander Meissner, George Q. Daley, Andrew Brack, James Collins, Chad Cowan, Thorsten Schlaeger, Derrick Rossi, « Highly efficient reprogramming to pluripotency and directed differentiation of human cells with synthetic modified mRNA », *Cell Stem. Cell*, novembre 2010.

Robert Feldman, Rainard Fuhr, Igor Smolenov, Amilcar Mick Ribeiro, Lori Panther, Mike Watson, Joseph J. Senn, Mike Smith, Orn Almarsson, Hari Pujar, Michael Laska, James Thompson, Tal Zaks, Giuseppe Ciaramella, « mRNA vaccines against H10N8 and H7N9 influenza viruses of pandemic potential are immunogenic and well tolerated in healthy adults in phase 1 randomized clinical trials », *Vaccine*, mai 2019.

CHAPITRE 8

Ugur Sahin, Katalin Karikó, Özlem Türeci, « mRNA-based therapeutics : Developing a new class of drugs », *Nature Reviews Drug Discovery*, septembre 2014.

Ugur Sahin, Özlem Türeci, « Personalized vaccines for cancer immunotherapy », *Science*, mars 2018.

CHAPITRE 9

Karl Ljungberg, Peter Liljeström, « Self-replicating alphavirus RNA vaccines », *Expert Review on Vaccines*, octobre 2014.

Theresa M. Allen, Pieter R. Cullis, « Drug delivery systems : Entering the mainstream », *Science*, mars 2004.

Remerciements

Par qui commencer ? Qui ne pas oublier ? La technologie de l'ARN messager qui a permis les vaccins anti-Covid et ouvre un nouveau chapitre de la médecine est une immense entreprise collective. Comme c'est généralement le cas en science, elle s'est construite au travers de centaines sinon de milliers d'apports, chaque maçon apportant sa pierre comme pour une cathédrale. Forcément, pour un livre écrit pendant des périodes de confinements et de distanciation sociale et essentiellement au travers d'interviews par visioconférence *via* Zoom, tous n'ont pu être interviewés, même si, parfois, au travers des échanges d'e-mails, les réponses ont été enrichies par des contributeurs qui sont intervenus à l'un ou à l'autre moment. La littérature scientifique a aussi été une des clés de ce travail de reconstitution historique.

Mais je tiens d'abord à remercier ceux sans qui mon travail serait non seulement impossible mais resterait vain. On écrit toujours pour quelqu'un. Ma famille d'abord, Louise, Frans, Axel et Margaux pour leur soutien, leur patience parfois avec mes obsessions et surtout leur soif de vie. Mes proches aussi, Jean-Marc et Virginie, Hervé et Sandrine, ainsi que John et Kath, qui toujours m'encouragent chaleureusement et m'engagent à mieux faire. Et mes chefs à Heidi.news : Serge Michel, Paul Ackermann, Annick Chevillot, Sarah Sarmondadaz et Yvan Pandelé pour m'avoir fait confiance un peu à l'aveugle et donné du temps, y compris au prix du leur.

Je tiens aussi à remercier spécialement Patrick Aebischer pour sa confiance et son enthousiasme pour ce projet qui l'ont amené à le préfacer tout en me conseillant de me tourner pour le publier vers Odile Jacob, la fille même du découvreur de l'ARN messager, le prix Nobel François Jacob !

Mais surtout ce livre n'aurait pas été possible sans les nombreux scientifiques et entrepreneurs qui, bien que ne me connaissant pas préalablement la plupart du temps, m'ont répondu et fait confiance. La liste est longue et tous ne sont pas cités dans le récit même. La plupart ont le titre de professeur. Tous ont montré une véritable passion pour la science et le potentiel de l'ARN pour nous soigner. Tous ont apporté les pierres nécessaires à cette entreprise de compréhension qui nous concerne tous.

Je tiens ainsi à remercier : Daniel Anderson, Stéphane Bancel, François Balloux, Peter Berglund, Maria Carmo-Fonseca, Tom Cech, Charles Christy, Pieter Cullis, Frank DeRosa, Philip Felgner, Andrew Geall, Matthias Hentze, Ingmar Hoerr, Tony Hunter, Katalin Karikó, Sonja Kastilan, Robert Langer, Peter Liljeström, Margaret Liu, Ernest Loumaye, Robert Malone, John Maraganore, Frédéric Martinon, Pierre Meulien, Melissa Moore, Andrin Oswald, Giuseppe Pantaleo, Norbert Pardi, Steve Pascolo, Hans-Georg Rammensee, Phillip Sharp, Moncef Slaoui, Joan Steitz, Didier Trono, Juan Valcarcel, Rein Verbeke, Drew Weissman et Richard Wooster.

Table

Cet ouvrage a été composé
et ITC Galliard et en Whitney
par Nord Compo
à Villeneuve-d'Ascq (Nord)

Cet ouvrage
a été achevé d'imprimer
sur Roto-Page
par l'Imprimerie Floch à Mayenne
en septembre 2021

N° d'édition : 4150-0057-X – N° d'impression : 99040
Dépôt légal : octobre 2021
Imprimé en France